后蓝耳病时代

快乐养猪

主 编 张建新 孟 伟

中原农民出版社
·郑州·

本书创作团队

主　编:张建新　孟　伟

副主编:崔　沛　黄　彬　王亚梅　谢彩华

编　者:(以姓氏笔画为序)

马震原　王　芳　王　翠　王东方　王荣贵

王淑娟　张　卫　张林江　谢军伟　韩亚楠

图书在版编目(CIP)数据

后蓝耳病时代快乐养猪/张建新,孟伟主编. —郑
州:中原农民出版社,2017.9
ISBN 978 - 7 - 5542 - 1762 - 7

Ⅰ. ①后… Ⅱ. ①张… ②孟… Ⅲ. ①养猪场 – 经营
管理 Ⅳ. ①S828

中国版本图书馆 CIP 数据核字(2017)第 193181 号

出版社:中原农民出版社(地址:郑州市经五路66号)
　　　　电话:0371 – 65751257　　邮政编码:450002)
发行:全国新华书店
承印:郑州市毛庄印刷厂
开本:710mm×1010mm　　　　1/16
印张:13.5
字数:214 千字
版次:2019 年 1 月第 1 版　　印次:2019 年 1 月第 1 次印刷

书号:ISBN 978 – 7 – 5542 – 1762 – 7　　　　定价:98.00 元
本书如有印装质量问题,由承印厂负责调换

引　子

快乐养猪，至少涉及猪场的老板、技术员和饲养员。

这个群体快乐的基础，首先是养猪企业的正常经营、正常发展，并且有一定的经济收益。其次，还有一个幸福观、快乐观的问题。

养猪要快乐，首先得赚钱，赔钱的状态下，不管是老板，还是技术员、饲养员，都很难快乐起来，或者快乐很少。

本书要解决的问题，就是怎样养猪才赚钱，怎样养猪才快乐。文气一点的讲法，是谈猪场的经营管理，谈养猪人的为人之道。

老实讲，中国规模养猪已经有 30 多年的历史，需要总结的东西很多，学术界和技术人员关注的重心是在疫病防控的技术层面，学术会议、技术交流、高端讲座、技术书籍大都是围绕技术展开的。但是，多数猪场需要的管理经验，则很少有人认真总结，上升到理论层面的更是凤毛麟角。至于经营，虽然有人关注，可以在刊物上见到一些文章，也多是在一些节点上的探讨，或者是应景之作，并没有形成系统理论。

针对后蓝耳病时代猪病复杂，新病毒陆续出现，病毒病危害日趋严重，混合感染病例越来越多、动辄形成疫情，以及猪肉进口量持续攀升、挤兑国内养猪业利润空间，猪肉等畜产品质量安全和环境问题等，笔者提出了转换猪病防控思路这一观点。从改变猪的生存小环境、改进猪的饲养管理，以及转变饲养方式着手，创造适于猪生长发育的小环境，发挥猪的生物学和行为学特性，增强猪的群体体质，提高群体适应性、抗逆性和非特异性免疫力。已出版的《后蓝耳时代轻松养猪》围绕这一思路，展开了详细的讨论，应该说已经回答了怎样养猪、怎样防病的基本问题。本书则重点讨论猪场的经营和管理，讨论如何调动猪场员工的积极性和主动性，发挥员工的创造性，以为日常饲养管理和经营活动提供良好的内部环境，而涉及疫病防控的部分，能简则简。

猪场的经营、管理最难写，因为赚钱的猪场老板，很多并不愿意告诉大家自己赚钱的秘诀。

虽然"世界上没有完全相同的两片树叶"，但在猪场的经营管理上，还是有一些经验和规律，是能够总结出来的。

后蓝耳病时代养猪是一种经营活动，是资本的运作过程。那种小农经济时代"没啥干，养几头猪""啥也不会干，回家养猪去"的想法已经过时。那种"养猪不需要技术，投资小，周期短，风险小，收益高"的说法更是一种误导。后蓝耳病时代养猪是一项高技术含量的经营活动，需要一定的投资规模，还要关注猪周期，一个猪周期内行情有升降，赶的点儿不对还真要赔钱，存在实实在在的风险。至于收益高，只是对那些有经营头脑的老板而言。没有经营意识，或者经营意识淡薄，或有经营意识但是能力有限且抓不住机遇的养猪人，收益高只是一种美好的愿望。即使偶然挣了一笔，也会在低谷期赔得一干二净。

本书要解决的正是困扰养猪人的理念、经验和避险之道。

目　录

第一章
资本和猪场

不忘初心,牢记使命,高举中国特色社会伟大旗帜,决胜全面建成小康社会,夺取新时代中国特色社会主义伟大胜利,为实现中华民族伟大复兴的中国梦不懈奋斗。

不忘初心,方得始终,中国共产党人的初心和使命就是为中国人民谋幸福,养猪业事关全国人民的"菜篮子"安全,一定要千方百计抓稳搞好。

价值规律在养猪业中的体现

　　中国实行的是社会主义市场经济,要坚持加强党对经济工作的集中统一领导,保证我国经济沿着正确的方向发展;坚持以人民为中心的发展思想,贯穿到统筹推进"五位一体"总体布局和协调推进"四个全面"战略布局之中,坚持适应、把握、引领经济发展新常态,立足大局,把握规律;坚持使市场在资源配置中起决定性作用,更好发挥政府作用,坚决扫除经济发展的体制、机制障碍。同其他商品生产一样,在社会主义市场经济条件下,养猪业也要受市场经济基本规律的支配。市场商品猪供给大于需求时,商品猪价格开始走低,猪场经营就会处于举步维艰的状态。同样,当市场需求旺盛、供给不足时,商品猪价格开始上扬,猪场经营收益上涨。

一、商品的价格和猪粮比价

　　商品的价值取决于所包含的社会平均劳动和平均成本。同样道理,商品猪的价格是由全社会养猪行业的平均劳动和平均成本所决定的,其成本可分为直接成本和间接成本两大部分。直接成本包括饲料成本、仔猪成本、厂房折旧和维修养护成本、水电费用、劳动力成本和兽药费用、小件易耗品费用;间接成本包括银行利息、管理费用、销售费用等。当大多数猪群的饲料转化率达到3.5∶1时,5.5∶1的猪粮价格比就成为盈亏临界点。

猪粮比价是指商品猪出栏价格同玉米批发价格的比值,是判断养猪生产同市场供需状况的基本指标。2012年5月国务院以9号令发布了五部委《缓解生猪市场价格周期性波动调控预案》,将猪粮比价6∶1和8.5∶1作为预警点。"红黄蓝绿"四个猪粮价格比颜色区段,分别表示不同的控制区间。

绿色(6∶1~8.5∶1)属于正常区间。

蓝色[(5.5~6)∶1或(8.5~9)∶1]为轻度下滑或轻度上扬区间。

黄色[(5~5.5)∶1或(9~9.5)∶1]为中度下跌或上涨区间。

红色(低于5∶1或高于9.5∶1)即为重度下跌或上涨的区间。

国家要根据猪粮比价的所在区间和走势,启动不同的预警机制,如发布预警信息,启动储备吞吐,调整收购价格和政府补贴政策,动用进、出口调节等手段,实现对市场的干预,维持市场供需的基本平衡。

二、猪场经营管理之道

对于一个猪场老板来讲,你要把握市场的价格现状和未来走势,善于根据走势调整猪群结构和繁殖节奏,使商品猪出栏周期吻合猪粮比价的高峰期,筹划经管,才是经营之道。

不知道捕捉并且分析市场信息,只知道晕晕乎乎养猪的老板,不是好老板。

当然,老板的基本功还是管理。你的猪场若饲料转化率小于3.5∶1,猪粮比价6∶1就会有盈余。同样,你的猪场饲料转化率大于3.5∶1,就会出现收支不平衡的亏损局面。

显然,若你的猪场管理较好,饲料转化率处在远小于3.5∶1的水平,市场猪粮价格比降低到5.5∶1,你还能继续有盈余;若市场猪粮价格比上升到6.5∶1,你的盈余更多;当遇到(8.5~9)∶1的轻度上涨期,你就会挣得钵满盆盈;若是9~9.5的中度上涨区间,你就成为暴发户,一批猪出栏就完成了你的资本原始积累,更不用谈大于9.5∶1以上的重度上涨区间了。这里,讲的是基本功,讲的是管理的重要性。经营之道烂熟,分析得头头是道,也非常准确,但是到了需要商品猪大批量上市的时候,你的猪场由于管理上不去,育成率很低,没有商品猪可卖,也只能是"别人吃肉你喝汤",空欢喜一场,相当于只会"纸上谈兵"的酸秀才。

　　同样道理,尽管你有很好的养猪经验,管理水平也很高,但是只知道闷头养猪,不知道分析市场,大批商品猪上市老是赶不上好价格,也照样实现不了高收益。"力没少出,汗没少流,钱没多挣",应了那句老话:"一年一年又一年,人家挣钱没有咱。"

　　这就是通常讲的"有同行,没同利"。

　　所以,经营和管理有着密不可分的关系。经营的前提是高水平的管理。这是现阶段人们将经营和管理混为一谈、用管理替代经营的主要原因。当然,对于大多数管理水平较低、规模有限的猪场来说,首要的问题仍然是管理。管理上不去,一切免谈。

三、市场的真面目

　　当一个新产品刚刚上市,处在供不应求的紧缺阶段,消费者对它并不苛求,市场能够表现出宽容大度。

　　当供应量逐渐增多,或者有类似产品出现时,消费者就有了比较的可能,有了选择余地,市场就会皱起眉头,用质量评判、价格降低来挑选产品,其实质是挑选企业。

　　一旦这个产品出现供给过剩,消费者更加挑剔,市场就会立即板起面孔,毫不留情地淘汰一些产品,或者说直接淘汰一些企业。

　　市场不会同情弱者。

　　市场不同情弱者! 市场不同情弱者! 市场不同情弱者! 重要的话说三遍。

四、未来商品猪市场价格趋势

　　2001 年 12 月 11 日后,中国加入 WTO 的宽限期已结束,猪肉市场同其他行业一样,成为一个对世界开放的大市场。2010 年后,中国养猪业又进入了后蓝耳病时代。此时的养猪行业,面临的是市场和疫病的双向挤压。

　　就社会需求而言,消费者对猪肉需求呈现多元化。市场需要充足供给的同时,开始关注猪肉质量。高端消费者不仅需要瘦肉,还要购买安全放心的无公害猪肉,如贴有"有机食品""绿色食品"标签的猪肉。即使那些购买能力有限的低端消费者,花费同样多人民币,也想尽可能多买些瘦肉、无抗生素残留的"放心肉"。

显然,一个必须引起重视的问题是消费者开始注重猪肉的内在质量。转换成官方语言,就是养猪业自身要实行供给侧改革,生产出市场需要、适销对路的猪肉和猪产品。

就猪群自身而言,猪瘟、伪狂犬病依然存在,口蹄疫、蓝耳病、流感病毒不仅存在,而且在持续不断地变异,细菌病、寄生虫病也不可能在短期内消灭,病毒参与的混合感染病例在临床占主导地位,动辄形成疫情,不仅使"双提一降"(提高断奶仔猪成活率和育肥猪出栏率,降低单头猪饲养成本)更加难以实现,也难以在短期内提高猪肉的内在品质。"两个难以"的存在,又进一步挤压国内养猪业的市场空间。

就市场供需平衡而言,中国母猪存栏处于较高水平,市场商品猪供应在高病死率的打压下,多数时段仍处在供大于求的状态,长时间的猪价低迷,是所有猪场老板不得不面对的严峻现实。并且,国际农产品市场上,商品猪和猪肉价格低于国内市场的现实(某些时段甚至仅有国内市场同类产品的60%~70%),无时无刻不对猪肉经营企业构成强大的诱惑。谁知道那些合资企业,以及拥有进口权限的屠宰加工企业,在哪一个早晨会进口一船(十万吨或者十多万吨)猪肉?

这种现实告诉人们,未来的市场猪肉价格,具有更为严重的不确定性。而市场价格的波动,对于国内养猪企业,是更具杀伤力的挑战。

同许多猪场老板聊起来,你会知道,许多聪明、有才华、有本事的人在养猪,是事出无奈。同样,你也会发现,在未来的养猪行业中,会有许多喜欢猪、热爱养猪事业、有知识、有经营意识又有管理经验的年轻老板。

只有那些适应市场经济环境,并会运用市场经济手段与技巧的养猪人,才能在未来更具挑战、竞争更加激烈的环境中有所建树。

第二节
养猪经济的基本规律

研究养猪经济发展规律的目的,是为从事养猪业的老板和技术人员提供参考。

在市场经济中,不管任何产品,价格有升有降是正常现象。专家学者在分析市场价格变化规律时,将商品猪产品的市场价格从低谷上升到峰值,之后再走向低谷,当新一个低谷值出现时,将之称为一个"猪周期"。

中国养猪业的猪周期是多长时间,什么时候会出现峰值,什么时候出现谷值,这些问题是猪场老板在投资建场前都必须弄清楚的问题,也是在经营中必须时刻关注的问题。

三十年的养猪业发展过程告诉人们:中国养猪经济存在"四到五年一个轮回的猪周期"。

为什么是四到五年? 简单的回答是:这是多种因素共同作用的结果。

本书简要分析影响中国"猪周期"的几个主要因素,期望能够对猪场老板在经营过程中有所帮助和支持。

一、批量供应的规模饲养商品猪主导养猪经济的发展走势但并不能改变猪周期

目前,中国市场的商品猪来源于四个方面:大型商品猪场或专业户的小规模猪场、地方土种猪饲养场户、"爱心猪"、散养农户。不同来源的商品猪对市场贡献的大小不同,以不同的方式和力度影响着养猪经济。

众所周知,母猪的妊娠期是 114 天。

遍布全国各地的大型商品猪场和专业户小规模饲养猪场,实行的是"杜长大三元杂交"(少数汉长大三元杂交。杜:杜洛克,汉:汉普夏,长:长白猪——外文音译兰德瑞斯,大:大型约克夏猪。下同)的饲养模式。所生产的育肥猪全部投向市场,因其规模大、商品率高,其上市时间和价格引领养猪经济的走势。

在这个模式中,断奶日龄分别是 28 天、30 天、35 天(极少数猪场实行 15 天断奶),一些猪场的小猪是随同母猪一块下产床,转入保育舍饲养到 60 日龄,然后转入育肥猪舍(分为小育肥和大育肥两个阶段)。另一些猪场则是母猪离开产房,小猪继续在产床待到 45 天,然后直接转入育肥猪舍,分为育肥小猪、中猪、大猪的三阶段育肥。不论是两阶段,还是三阶段,90 ~ 110 千克体重的商品猪从出生到出栏的饲养期为 5 ~ 6 个月。也就是说,从配种之日算起,到商品猪上市的"猪生产周期",需要经过 8.5 ~ 9.5 个月,有的甚至更长。

如果市场商品猪价格上扬苗头明显,猪场老板开始购买标准体重 60 千克的后备母猪,饲养 4 ~ 5 个月后开始配种,"新猪"上市最短要在 12.5 个月后,多数猪场需要 14 ~ 15 个月。但是,在商品猪价格上扬时,由于集中补栏,猪场老板可能买不到后备母猪,或者买到的后备母猪只有 30 千克。所以,专家在分析市场时,会预留 3 个月的空当,将此类猪的"生产周期"按照 18 个月计算。

即使再加上众多猪场对商品猪价格上扬反应迟钝的 3 个月观望、犹豫、迟疑期,3 个月的筹集资金、扩张圈舍的筹备期,也不过 2 年时间。

在此,人们看到,尽管规模饲养的商品猪,在市场中占主导地位,主导着养猪经济的发展走势,但并不能影响和改变猪周期,"生产周期"同"猪周期"并不吻合,"生产周期"不等于"猪周期"。显然,"猪周期"的形成还有其他因素在发挥作用。

二、"非三元杂交"猪群供给量较小但是价格坚挺

如果猪场不是杜长大三元杂交模式,而是地方土种猪,或者用野猪同二元母猪杂交的模式。小猪多在 35~45 日龄断奶后,最快的要饲养半年,多数为 7~8 个月,慢的需要 8~10 个月,甚至 1 年。若从配种之日算起,到商品猪上市,最快的需要 11 个月,多数需要 12~13 个月,慢的需要 13~15 个月,甚至 17 个月。同杜长大三元杂交模式相比,此类猪的饲养周期多数要延长 2~3 个月。同样,加上后备母猪的饲养期和预留期,"非三元杂交"猪群生产的商品猪"生产周期",从 18 个月延长到了 20~21 个月。

再加上观望、犹豫、迟疑期,以及筹备期,从市场商品猪价格上扬算起,26 个月或 27 个月后,大批量的商品猪也该上市而平抑猪价。同样,这类猪的"生产周期"同"猪周期"也不吻合。现实中,此类商品猪占市场份额很小,不可能成为影响和改变商品猪市场"猪周期"的主导因素。

由于近年来消费者对此类猪的青睐,其市场价格坚挺、猪场规模和数量逐渐增大,对养猪经济的影响有逐渐加大的趋势。现阶段,充其量是延缓平均价格的升降速度,拉长规模饲养商品猪的"生产周期",推动规模饲养商品猪"生产周期"同"猪周期"的逐渐吻合。

三、不被重视的"爱心猪"以其独特的方式影响着养猪经济和"猪周期"

环绕各个大中城市的以宾馆饭店下脚料为饲料的"爱心猪"饲养带,以及城镇郊区的"爱心猪"饲养密集区,是一个谁都不愿意提及,但又实际存在,并对市场供给、商品猪价格发挥极大作用的群体。"大、老、肥"是这种商品猪的突出特点。该群体 80%~90% 的饲养户是专门育肥猪场,自繁自养的比重很低。一般的做法是购买 60~80 千克的架子猪,饲养 1.5~2 年,出栏重 150~200 千克。即使在商品猪价格走高时,提前出栏的商品猪,出栏重也在 150 千克左右。这个群体所饲养的商品猪对中国养猪经济的影响表现在五个方面:

一是存栏量大。按全国 15 座超大、特大城市年出栏 3 000 万头(15 座×200 万头/座),35 座大城市出栏 3 500 万头(35 座×100 万头/座),100 座中等城市出栏 3 000 万头(100 座×30 万头/座),585 座小城市出栏 5 850 万头(585 座×10 万头/座)计算,全国年出栏"爱心猪"1.5 亿头,约占年度出栏的 1/4。

二是饲养周期长。入舍"爱心猪"多在4月龄以上,加上1.5~2年的饲养期,就构成了22~28个月的"饲养周期"。同纯粹的杜长大三元杂交相比,"生产周期"拖后至少1年;同非三元杂交的规模猪场相比,"生产周期"也要推迟6~8个月。

三是成本低。此类养猪场的老板多数为生活困难的农民,饲养人员能吃苦、不怕脏、不怕累,猪场规模较小,数量众多,设备简陋,染疫或暴发疫情的概率大,饲料成本有时甚至可以忽略,不计算劳动力投入等,即使只有60%的育成率,仍然能够实现收支平衡。市场商品猪处在高价位时,其出栏价格要比规模饲养场的商品猪价格低0.4~0.6元/千克;当市场商品猪处在开始走低时,会在价格降低3~4个月后缓慢下降;当市场商品猪价格处于低谷时,此类猪的价格也不过比规模饲养的杜长大三元杂交猪低0.2~0.4元/千克。其商品猪价格的相对稳定和较窄的波动幅度,更增强了此类养猪户的抗御市场价格波动风险的能力。

四是出栏的季节性影响。该类猪场老板多数为农民,决定了饲养生猪时追赶传统节日出栏的特征,因为要回家过年,因为要花钱,所以,多数老板都将春节前出栏设定为最佳的出栏时机。2010年后,"爱心猪"开始有意识地避开春节扎堆出栏。

五是该养猪群体从业人员多数文化水平较低,对猪群的管理较为粗放,对瞬息万变的市场信息不敏感,加之成本低下,依据市场信息及时调整经营思路、调整猪群规模意识不强。

上述五个方面的影响其最终结果,一是因为此类猪的大量存在,以及其保障当地市场供给的特殊地位和低价位、对价格下行期的迟钝反应,成为市场商品猪价格低谷值的"助产士";二是以对低价位的忍耐力,拉长市场商品猪谷值时间段;三是市场商品猪、种猪价格上扬时跟随涨价,价格下跌时忍耐力强,跟随跌价,助推价格波动;四是以1/4的发言权和春节集中出栏的特征,拖拽商品猪"生产周期"向"猪周期"靠拢。

四、中西部地区和边远山区的散养户猪群仍然在影响着养猪经济

中西部地区和边远山区的散养户,饲养的生猪商品率较低,但是对市场猪肉消费量还是有一定影响,自然也对商品猪价格有影响。尤其是近年来,高端消费群体青睐山区农户的散养猪、纯粮食饲养猪,从另一个侧面挤兑规模猪场商品猪的价格,构成了对规模饲养商品猪价格的冲击和威胁。

散养户猪群对养猪经济影响的最大特点,是出栏的不均衡性。其出栏猪以春节和其他传统节日期间,农民在当地"自产自销为主"的产品经济特征,降低了饲养者对市场价格波动的敏感性。按照国家城市化的规划,未来14亿人口的中国会有8亿城镇人口,其中6亿农村人口中2/3的留守人口,传统节日(春节、中秋节、清明节、端午节)人均消费5千克计算,4亿人节日消费量200亿千克,将消化2.8亿头的出栏猪。换句话讲,在未来6.5亿头的年生猪出栏量中,将有40%~45%的出栏猪不进入流通领域。加上其饲养比重逐渐下降、极易受粮食生产丰歉影响的明显规律,在市场分析时,人们对其重视程度逐渐下降。

五、宏观经济走势是猪周期的决定因素

国家宏观经济对养猪经济的决定性影响,是养猪人必须正视的因素。此处重点讨论宏观经济走势和投入品市场走势对养猪经济的影响。

(一)宏观经济走势是影响猪周期的决定因素 "猪粮安天下""省长管米袋子,市长管菜篮子",这是公众非常熟悉的中国政府关心国计民生的两个口号。它反映出宏观管理层对养猪业的重视,也表明了养猪业在宏观经济中的地位。

当国家宏观调控处于宽松状态,整个国民经济处在复苏繁荣时期,投资力度加大,消费环境宽松,居民的购买力处于强盛时期,消费者敢于消费,市场猪肉、商品猪、种猪的价格,都会在这种大环境的拉动下跟随走高。即使处在猪周期的下滑阶段,也会因为大环境的拉动而很快结束,提前进入缓慢上升阶段。

同样道理,当国家宏观经济走势处在下滑阶段,银根紧缩,投资紧缺,职工的福利待遇持平不长或者不增反减,消费者在消费时犹豫谨慎,市场猪肉和商品猪的价格上升空间受到挤压,即使处在猪周期的上升阶段,也会缩小价格上升幅度;若处在平稳阶段,则会表现出平稳期缩短、价格下滑期提前到来;若叠加在猪周期的下滑阶段,则会出现快速下滑、谷值更低、低谷期时段加长的持续低迷状态。

需要指出的是,因为国家实行的是社会主义市场经济,国家从对宏观经济发展角度考虑,对事关国计民生的商品猪价格一直密切关注,并在特定的时段,采用限价、补贴、进口猪肉、代储等宏观调控措施。通常,宏观经济走势同猪周期走向相悖时(无论是商品猪价格上涨过快或过高,或是价格低迷无人问津),常常是国家出台各项宏观调控措施,干预商品猪市场价格的重要时期。

(二)国家对养猪投入品价格调控的影响　对养猪经济影响最大的投入品是饲料,影响饲料价格的首要因素是玉米和豆粕的价格。2012 年,中国进口小麦 360 万吨、玉米 540 万吨、大豆 5 800 万吨。近几年,中国进口大豆继续攀升,2013 年达到 6 300 万吨。2014 年第三季度进口大豆已经超过7 000万吨,当年中国只生产了 1 200 万吨。这组数据说明,中国猪、禽等需要精饲料的养殖业发展速度过快,与粮食作物种植业的比例严重失调,需要世界的粮食,尤其是大豆。有分析表明,中国已经占有了世界粮食市场上流通大豆的70% ~80% 的份额。

这种严峻的现实告诉人们,若继续发展消耗精饲料的猪、禽饲养业,中国将全部收购国际粮食市场流通的大豆,当 100% 的流通量还不能满足需求时,那些出产大豆国家的一场海啸、一次地震、一场暴风雨、一次火灾或政治风波,都会导致国内市场商品猪、猪肉价格的上升。所以,国家要调整产业结构,减少大豆和玉米的消耗量。要放宽大豆、玉米的进口限制,多进口。还要存粮于民,依靠民间力量收购存储。

接踵而来的问题是,粮食期货市场快速发展,许多财团或大型饲料加工企业在港口建立仓库购买国际市场的大豆或玉米。进入期货市场的老板,在港口建立仓库的老板同猪场老板一样,都是在从事经营活动,都要盈利,追求利益最大化。很显然,粮食期货市场的老板们何时出仓、港口玉米、大豆仓库何时、何价出货,决定着饲料加工企业的成本。

饲料加工企业处在这个从国外到国内粮食交易、转运链条的下游近末端,要同养殖户发生直接关系。而养殖户不论是养猪,还是养家禽,商品猪、鸡蛋、肉鸡等产品的大部分要经过经纪人之手流向屠宰场,再进入消费市场;少量直接进入集贸市场、超市消费。此时,消费受国家大的经济形势和"猪周期"制约,养猪场不一定盈利,甚至亏本。一旦亏本,危机来了,猪场要么垮掉,要么赊购的饲料款拖欠不还。

现在,大家明白了猪场同饲料厂的关系以及饲料对商品猪价格的影响有多大。进一步明白了国家对进口饲料原料玉米、大豆控制的重要性,明白了国家对养猪主要投入品(玉米、大豆、疫苗)价格的调控,对"猪周期"的影响之大和作用之重要。

作为一个猪场老板,要关注饲料价格,更要关注国际、国内粮食市场的变化动态,还需要关注国家的宏观调控政策和粮食的丰歉,关注主要农产品的收购价格升降幅度。当然,用量虽然不大,但是价格很高的添加剂、疫苗、兽药、消毒剂的价格和走向,也要尽可能关注。

(三)自然因素对猪周期的破坏性影响 国内玉米、水稻、大豆主产区收获时节的连阴雨,是这些地方饲料原料霉变的最主要原因,其影响面积很大。并且饲喂霉变饲料后,猪群蓄积性中毒、免疫抑制等连锁效应破坏力极大,轻则导致拉稀便、瘸腿跛行、假发情和配种困难,重则导致无效免疫。其直接作用是"拉大价格波动幅度,拉长猪生产周期"。

玉米、大豆主产国的连阴雨同样具有这种破坏作用。尽管进口时有严格的检验制度和规程,进口劣质产品事件仍然不可排除,加上在港口仓库保管的因素,对进口玉米、大豆的迷信和对交易商的轻信,是饲料企业上当受骗的常见事件。因而,在饲料中添加脱霉剂成为国内许多饲料企业心照不宣的秘密。因而,养猪企业对每一批饲料的霉菌复检,应成为猪群疫病"三全防控"(全过程防控、全方位防控、全员防控的简称)的一项重要措施予以落实。

前述五个方面的分析表明,得益于国家政策支持和新技术、新科技装备的杜长大三元杂交规模饲养商品猪场,是市场供应的主力,其效率和收益较高,抗御市场风险能力较强。即使忽略规模饲养的非杜长大三元杂交商品猪、爱心猪、散养猪的低成本、较强的耐受力等优势对"猪周期"的影响,也会因为后三种饲养者获得市场商品猪供应过剩信号滞后(往往是在"非主力商品猪"价格跌到低谷值之后 3 个月左右),两者的生产周期叠加(22 至 28 加 18)后,已经达到 3.5 年。加上主力企业对国家政策的观望和财政、银行支持的高度依赖,以及政策性补贴到位较慢的影响,补栏拖后 0.5~1 年(有时甚至达到 1.5年)都是正常现象,从而促成了四到五年一度的"猪周期"。

第三节

资本的特性和养猪业资本的筹集

纵观中国现代养猪经济的发展,从早期的世界银行、亚洲银行贷款项目,到中期的合资、独资企业,以及后期的股份制企业、期货交易、上市企业,资本的影子无处不在,只不过资本的持有者不同罢了。

一、资本的特性

交易是社会生产力发展到一定阶段必不可少的需求。货币是产品进入社会交流的度量衡,是交易的基本工具和载体。从古代的刀币、铜钱,到近代的银圆、元宝,以及现代的纸币、钢镚、银行卡、电子结算,都是社会劳动、物质产品交换的度量工具,是中性的。但资本则不同,当货币在流通中积累在某一个环节,集中在某一集团或个人的手中,被赋予贪婪、占有等人类劣根性后,相当多的货币就摇身一变成了资本。所以,资本并不是货币的本来属性,是货币带有妖媚特性的孪生姐妹。之所以将资本称作货币的孪生姐妹,是因为她们太相像了,以至于许多人分不清货币和资本的区别,甚至有时人们对资本的喜欢超过了货币。

贪婪、占有的天性,决定了资本的劣根性。但是,资本也有长处。它承载了大量的社会劳动和物化价值,不管用何种手段、方式获得的资本,都是社会劳动的物化载体,不论你是什么人,也不论你干什么事,都可以使用。而在社会化大生产的背景下,人们要组织任何一项生产活动,都需要社会各方面的支持,需要多种物资、设备,需要技术投入,这些有形和无形社会支持的获得,都需要借助资本的力量。这也是人们明知资本贪婪而又希望获取资本的原动力。

撇开贪婪、占有,资本同资金货币的区别,在于前者包含的内容更为宽泛:现金、股票、技术、土地、场房、设备器械、必需的小件实物,以及无形的物权、技术专利等,都是资本,都可以用来扩大生产。而后者仅仅指现金投入。

二、养猪业筹集资本的方式

中国养猪企业筹集资本的方式有银行贷款、私人贷款、集资入股、合伙投资等。

(一)银行贷款 银行贷款是大家最为熟悉的获取资本的合法途径。因为它是受国家法律保护和约束的资本,这种保护是双向的,既保护银行的利益,也保护贷款人的利益。国家法律的约束,剥夺了资本贪婪的权利,在投资人使用资金的期限内,银行只能按照国家规定的利率索取贷款人的回报。这是代价最低、最为安全的资本。

贷款和借款的区别,在于前者不但要求按期偿还本金,还要支付利息,也就是有偿使用;后者虽然也要求按期偿还,但是无利息,未索取回报,是纯粹的支持帮助。

(二)私人贷款(又称民间借贷) 在国家经济快速发展、银行资金无法满足需求的背景下,一部分游离于国家金融体系之外的资金,以民间借贷的方式,作为资本参与进国家建设。尽管它极力模糊贷款和借款的概念,但仍是资本,甚至是更加贪婪的资本。

国家被动地有限承认私人贷款是一种筹集资本方式,是从经济发展需求的大局出发的。社会主义国家支持勤劳致富、反对剥削和压迫,是宪法的规定。《最高人民法院关于审理民间借贷案件适用法律若干问题的规定》(2015年6月23日由最高人民法院审判委员会第1655次会议通过,自2015年9月

1 日起施行）第二十六条规定："借贷双方约定的利率未超过年利率24%，出借人请求借款人按照约定的利率支付利息的，人民法院应予支持"。"借贷双方约定的利率超过年利率36%，超过部分的利息约定无效。借款人请求出借人返还已支付的超过年利率36%部分的利息的，人民法院应予支持。"表明随着形势的发展，国家法律允许私人借贷行为的存在，并且有逐渐宽松的趋势。同时，该规定第十四条也明确了非法借贷合同："套取金融机构信贷资金又高利转贷给借款人，且借款人事先知道或者应当知道的；以向其他企业借贷或者向本单位职工集资取得的资金又转贷给借款人牟利，且借款人事先知道或者应当知道的；出借人事先知道或者应当知道借款人借款用于违法犯罪活动仍然提供借款的；违背社会公序良俗的；其他违反法律、行政法规效力性强制性规定的。"

注意，该规定同时强调合同法第五十二条的法律效力。《中华人民共和国合同法》第五十二条对无效合同的规定是："一方以欺诈、胁迫的手段订立合同，损害国家利益；恶意串通，损害国家、集体或者第三人利益；以合法形式掩盖非法目的；损害社会公共利益；违反法律、行政法规的强制性规定。"

该规定第三十三条明确指出，"本规定公布施行后，最高人民法院于1991年8月13日发布的《关于人民法院审理借贷案件的若干意见》同时废止；最高人民法院以前发布的司法解释与本规定不一致的，不再适用。"也就是说，原来国家承认"银行同期利率4倍以内"的民间借贷合同为合法合同的判定标准已经废止。

民间的私人借贷同借款虽然只有一字之差，包含的内容却是天壤之别。纯粹的到期偿还本金的高利息民间借贷，还勉强可以称为贷款。若合同中附加有"参干股"条款，就是赤裸裸的资本了。

老板在发起建设猪场或经营中，经常会同其他人、单位、金融机构发生资金往来。期间，尤其是同私人发生资金往来时，或者在同单位或金融机构的业务代表交往中，若掺杂了个人感情，容易犯的错误就是模糊或淡化"借贷关系"。在此，再次提醒大家，"借"是真诚的支持，"贷"是投资行为，二者不可混为一谈。

国人常说的一句话"日久见人心，患难显真情"。一个在你的猪场经营遇到困难时，有能力却不愿意借给你资金的人，不是真诚的朋友。但是，给你贷款的人,可能是朋友,并且是有投资意识的朋友(直白一点,就是不做你的合伙人,也不白帮你的忙,帮忙要回报)。若执行民间借贷利率,只能是有点贪婪的投资伙伴。若合同中附带有"到期无力清偿要用变卖企业来偿还"条款的,或许就是等机会兼并你的竞争对手。

(三)集资入股　集资入股也是近年国家承认的获得资本的合法途径。但必须是所有参与人本人意图的真实表达,还要有条款清楚、表达准确的合同。例如,以什么形式参与集资,参与资本的数额,资本的用途和使用期限,回报如何体现,是否参与管理,原有债务划分和清偿,法律责任,生效日期等。当然,所有参与人员签字盖章才是生效合同。生效后的合同,参与人必须信守执行。

(四)合伙投资　合伙投资多是小型企业的筹资行为,同集资入股相比,规模小、投资少、章程简单是其突出特征。章程中必须明确合伙发起人和合伙人(3~5人即可),企业规模、地点,各位合伙人出资数量,收益分配方案等。

除了上述四种基本的筹集资本途径外,实践中还有其他途径和渠道,但其比重较小,风险也更大。

三、养猪业筹集资本的现实模式

30多年规模养猪历史表明,规模饲养同中国国情相互结合的最佳模式,就是公司加农户。温氏集团和牧原、雏鹰的兴盛发达就是最好的注脚。这一模式的生命力就在于实现了农户和小型猪场同大市场的对接,解决了农户和小猪场难以解决的技术棚架问题。

纵观规模养猪发展历史可以看到,场地、技术、资金、人脉是兴办猪场的必需资本,四者缺一不可。所以,不同档次猪场的资本筹集模式和侧重点也截然不同。

(一)信誉良好生产稳定的规模猪场　此类规模猪场,在经营中已经形成了足够的人脉、技术和管理经验,扩展规模面临的主要是资金和高端人才难题。只有在选定高端管理人才后,才考虑资金、场地等问题。通过引进高端人才,也可能顺带解决场地和资金问题。不足的资金可以通过银行贷款解决,也可以通过上市发行股票解决。当然,发行股票虽然难一些,但却是最好的筹资方式,因为你的经营业绩要放到市场中去检验。

（二）生产稳定亟待扩大规模的中型猪场　　此类猪场，尽管规模不是很大，但是经营业绩和信誉良好，老板有扩大规模的内在动力。同万头以上的大型规模猪场相比，扩展面临场地、资金问题，也面临缺少完整管理机制的问题，还面临缺少高端管理人才问题。笔者认为最后一条应该是首要问题。因为未找到诚实可靠高端管理人才的匆忙扩展，实质上是提高了企业的经营风险。同样道理，当企业引进了高端管理人才后，完善管理机制、融资、扩展场地等问题，都有可能迎刃而解，至少解决起来不是那么棘手。此类猪场资金问题的解决不是大问题，除了自身有足够的积累外，还因为良好的经营业绩而在金融机构有良好的信誉，贷款门槛不高。甚至可以在一定范围内募集资金。当然，要把握好尺度，跨越融资底线的募集资金就是非法集资。

（三）效益良好的小型猪场　　数目众多的小型猪场中，只有那些生产稳定、效益良好、拥有 10 年以上历史，才有扩规模、上档次、谋划升级换代的资格。因为，存栏 1 000 头以下的小型猪场，依靠家族管理、亲戚帮忙就可以经营，但若升级为存栏 3 000 ~ 5 000 头的中型猪场，首先面临的是对员工队伍的管理。同直接管理猪群相比，其内容和难度有天壤之别。所以，老板自己从"投机取巧"到"把养猪当作毕生事业"的转变，引进高水平管理人才，组建高素质员工队伍，建立完善的企业管理机制，成为小型猪场升级换代的关键。显然，在这个过程中，老板自身观念的转变是决定因素。若你的观念尚未转变，就别慌慌忙忙地扩大规模。同样，没有寻找到高水平的管理人员，没有建立起稳定的高素质员工队伍（至少是骨干），没有形成一套员工管理机制，也不要仓促扩展。只有当这些问题解决之后，才可以考虑扩展。当然，这些问题的解决过程，就是筹集资本的过程。因为人才、管理机制也是资本，是比资金更重要的资本，是需要足够时间积淀的资本。

（四）新建猪场　　对于大多数计划投资建设猪场的老板，要明白两点：一是后蓝耳病时代养猪，并不是一件容易的事情，若没有"把养猪当作毕生事业"的抱负、追求，干脆别介入。二是对养猪行业的了解。没有了解透彻养猪行业的投资，是盲目投资，与业内人士相比，你的风险又增加了一个。只有解决了前述两个问题，才考虑筹集资本。

家庭猪场不需要找人，自家人管理猪群最为简单，场地、购买仔猪、盖猪圈、买饲料，如果这些问题都解决不了，那就只有去给别人打工。同样，建设小型猪场,只要亲戚邻居帮忙,无非是基本建设规模大了点,流动资金用得多一些,能解决就办,解决不了就办家庭猪场。

若起步就是大中型猪场,最好先从场地、技术、资金、人脉这些兴办猪场的必需资本考虑。我国实行改革开放已经40年,拥有几十万上百万资金的人多了,上千万的大款也非凤毛麟角,甚至有拥有上亿资金的富豪。对于这些手中有足够资本的投资者,建猪场的必需资本不是问题,问题在于计划怎么定,打算拿出多少钱建设猪场,怎么用手中的资本吸纳社会资本。笔者建议:假设你准备投资1 000万建设猪场,手中可支配资金不得低于400万,其中300万用于直接投融资,100万作为备用。用300万的资金吸纳社会资本400万,银行贷款300万,从而使你的资金利用效率达到最大化。

不论通过什么途径筹集到的资本,筹资人都要有高度的责任心,认真管理和使用资本,使之尽快升值。

后蓝耳病时代快乐养猪

第四节

猪场经营模式及其评价

现阶段,中国猪场经营模式众多,归纳起来有:独立经营、合资经营、合作经营、合伙经营、租赁经营、托管(或接管)经营、专业户经营和间断育肥等八种经营模式。

一、独立经营

顾名思义,猪场是由独立法人出资创办的,其日常饲养管理和经营活动均由独立法人自己负责。

此种经营模式的特点是经营活动的自由度较高,少有来自企业内部的各种制约。劣势是筹建时期压力较大,所需土地、资金、技术等资本,均需由创办人自己承担。资金或社会资源不足,常常成为筹建时的制约因素,或是延期投产的根本原因。

二、合资经营

合资经营主要是指那些建设资金由多方筹集而建的猪场经营模式。出资各方依据出资多少承担责任和义务,最常见的为股份制猪场。因为猪场为多方筹集资金所建,其经营活动受所有出资人制约,其改建、扩建、管理层人员的选定和变更,管理章程的制定和修改,以及利润分配等重大事项,需要董事会或股东大会(或股东代表大会)决策。

显然,在获得筹建资金方便的同时,带来了决策程序增多的不利。

三、合作经营

合作经营主要是指那些生产、管理活动由多方合作完成的猪场经营模式,也包括那些多方筹资建设但是日常管理和经营活动由多方合作完成的猪场。最常见的是猪场同技术部门的合作,猪场同饲料加工企业的合作,猪场同生猪收购加工企业的合作。

此种经营模式的最大优势,是以最为简便、经济、灵活的方式实现了各种要素的有效衔接,充分利用了经营者所能够接触的多种生产、管理、经营要素。劣势是合作各方的独立性,带来了长期合作的不确定性。

后蓝耳病时代快乐养猪

四、合伙经营

合伙经营通常是指出资方少于 5 人,并由合伙人直接从事生产、管理、经营较小规模猪场的行为。不像合资企业那样要求每个出资人直接拿出多少资金。合伙人拿出的可以是资金,也可以是土地、建筑材料、饲料或原料,或者是技术等资本。并且,多数情况下合伙人也是生产管理人员。

此种经营模式的特点是投资相对较少,决策程序简单,对市场变化反应快捷。劣势是出资人的阅历、经验、能力对企业发展的制约。

五、租赁经营

主要是指租赁饲养小区,或废弃工厂、仓库、农场和猪场等具有一定养猪基础设施进行养猪生产的行为。除了合同规定内容之外,租赁方只需要向出租方按合同规定定期交纳租金,不承担其他责任。

此种经营方式的最大优势是免除了报批、征用土地程序,有时还可能免除猪舍、供电、通信、供排水系统、饲料加工厂房等基础设施建设,甚至可以直接使用自动送料、供水、清粪、通风等成套现成设备,节约时间、抢占商机优势明显。缺陷是原有设计思路和工艺流程对生产经营活动的局限、制约。

六、托管（或接管）经营

2010 年后新兴的一种经营模式。即：有资本的饲料加工企业或经营业绩不佳猪场的任何一方发起，谈判后形成经营权或经营管理权转让合同，由饲料加工企业组织新的生产管理班子，经营管理原猪场（包括场区内所有建筑物和设备的使用权，后备猪群、繁殖母猪群、仔猪、保育猪、育肥猪分别作价）的经营模式。由猪场发起谈判的称为托管，由饲料加工企业发起谈判的称为接管。

此种经营模式的明显特征是饲料加工企业用较少的资金投入向外扩展，为饲料加工设备的满负荷生产拓展空间。优势是猪场可以使用品质良好的放心饲料，饲料加工企业的外欠死滞资金盘活变现，饲养管理技术和人才优势有了新的发挥平台。劣势是生产经营活动受原猪场设计思路和工艺流程的制约，发展空间有限。

七、专业户经营

专业户经营是在家庭副业基础上滚动发展而形成的专业化小型猪场（也称家庭猪场、农户猪场）的经营模式。基本特征是拥有繁殖母猪，能够常年持续不断生产。优势在于能够充分利用农村旱薄地、沙荒地、废弃地等劣质土地资源，村庄、养殖小区、小型工厂、仓库等闲置社会资源，以及存栏规模小、粪便废水产量低、便于资源化利用、不对当地生态环境构成压力等。缺陷是规模小伴生的经营空间局限，尽管能够实现精细管理，管理水平和资源利用效率很高，但其年度收益有限。

八、间断育肥

一种带有投机性质的经营模式。即：在商品猪价位走高时购进商品仔猪，进行专门育肥，一旦商品猪价格迟滞不涨，或出现商品猪价格下滑苗头时，立即停止购进仔猪的经营模式。

显然，这是一种紧盯市场猪价变化的经营模式，需要经营者有足够的生猪市场分析、预测能力，充分把握市场商品猪价格、饲料及其原料的价格走向。应该说，这是效率最高的生产经营模式，适于那些投资有限、"挣起赔不起"的创业者。优势是进出方便、风险较低。缺陷一是规模有限,每一批次收益有限;二是需要较高的市场分析水平和价格预测能力。

第五节

中国养猪业发展必须直面进一步开放的现实

　　要实现中华民族的伟大复兴,将梦想变为现实,中国就必须坚持走改革开放、城市化的发展道路。基本国情对养猪业的基本要求是保障城乡居民的肉食供给。同时,还要对更加开放的市场做出积极反应,主动适应更加开放的现实。

一、稳定社会存栏

　　按照未来 30 ~ 50 年,全国人口控制在 14 亿 ~ 16 亿,其中城镇人口 50% ~ 60%、年人均消费猪肉 30 千克计算,年消费量应在 420 万 ~ 480 万吨,需 90 ~ 110 千克体重(胴体重 70 千克/头)的商品猪 6.00 亿 ~ 6.85 亿头。早在 2010 年,中国年出栏商品猪已经达到 6.65 亿头,当年人均 35 千克。

　　一个不得不承认的现实是五六年前,中国粮食已经开始大规模进口。2012 年中国进口水稻 230 万吨、小麦 360 万吨、玉米 540 万吨、大豆 5 800 万吨。谁都明白,后两项是在为消耗精饲料的猪、禽进口口粮。2013 年大豆进口上涨到 6 300万吨,2014 年前三季度进口大豆已经超过 7 000 万吨。中国已经购买了世界粮食市场流通大豆的 70% ~ 80%。若继续扩大存栏规模,不仅猪、禽缺少口粮,而且还会拉升世界粮食价格。进一步的问题是,粮食安全会直接危及国家主权。

二、调整规模饲养猪群分布

受粮食生产、经济发展速度、电力、人才等资源限制,已经形成的规模养猪重心在东部农区的布局,不论是从规模养猪自身,还是当地经济发展的需求,都显得既不恰当也不合理。东部地区的规模养猪,不仅占用和浪费良田,而且处在人口稠密区,加上地势平坦,这些因素凑到一起,就形成了养猪场同村庄、农户等居民区间隔不够,不利于形成隔离饲养环境的现状。养猪场内没有坡降,饲养车间废水外排困难,猪舍内空气污浊,不利于猪的健康生长和疫病防控。如果说早期东部地区的规模养猪对当地经济发展有积极作用,现在则因其对环境造成的压力,纯粹成为一种负担。

将规模养猪重心转移到中西部丘陵山区,不仅可以有效解决东中部地区由于规模养猪发展过快带来的环境压力,而且可以充分发挥中西部丘陵山区的地形、地貌等资源优势。譬如,在中西部丘陵山区,由于树木多,空气质量高,不论是猪舍内封闭饲养,还是林地放养,在东部地区封闭猪舍难以解决的空气质量问题,在此就不是问题。丘陵山地沟壑纵横,选址时稍加注意,利用地形、地貌的自然隔离,很容易建成相对封闭、具有足够隔离带的猪场,既有利于猪场生产,也不会因规模猪场的存在而扰民。设计猪场时若能巧妙利用,不仅猪舍内不会积存粪尿,雨水收集池、储粪场、废水处理场都可以同小流域治理的坝堰建设结合起来,利用沟壑减少工程量,减轻对环境的人为破坏,并获得极大的储存容积。从环境保护和资源的可持续利用角度来看,猪场废水主要是富营养化的问题,在有一定坡降、足够流程的情况下,充分的光照和足够的溶解氧,可以极大地提高水体的"自净能力",这在东部地区是"可望而不可即"的。西部丘陵山区农田和林地,普遍存在土壤贫瘠问题,能够吸纳大量的粪肥,为规模饲养猪场产生的猪粪和废水就近利用提供了方便。

充分利用丘陵山区的地理优势和环境优势,将养猪重心由东部向中西部转移,既是减轻东部地区环境压力的需要,也是发挥中西部丘陵山区资源优势、改善猪的生存小环境、减轻疫病危害、降低养猪成本的战略举措。

即使在中西部丘陵山区,猪场分布也应经过环境承载能力评价,按照承载能力来布局。在没有进行环境承载能力评估的地方，推荐的布局密度如下：

年出栏万头规模场覆盖区域 20 千米^2/座。

全进全出育肥猪饲养小区覆盖区域 10 千米^2/座。

三、推行分阶段多点饲养

规模养猪中，产房和保育舍内的前后批次间传播，以及长期养猪形成的气溶胶膜效应，是猪群疫病频发的一个主要原因。将断奶后的小猪转移到一个空气没有污染的环境，可以有效减轻气溶胶膜效应的负面影响，是后蓝耳病时代极力推行分阶段异地饲养的目的。家禽规模饲养中，将种鸡场、孵化场、饲养场相互分离，推进了蛋鸡、肉鸡专门化生产水平的提高。这种成功经验，应当尽快运用到规模养猪之中。

（一）老场改造　需要搬迁的或者猪舍间距不够的现有大型规模猪场，改造时应当按照后备种猪群、繁殖母猪群、商品猪群三类猪群分阶段异地饲养的思路设计。

（二）新建规模猪场　新建规模猪场，遵从三类猪群"三点式"分开饲养的设计原则。总部和后备猪群、繁殖猪群饲养区、商品猪饲养区（各个商品猪饲养小区间隔不低于 3 千米）"三点"间隔 3~5 千米。一个分场就是一个育肥猪饲养场，严禁分场扩张为自繁自养猪场。

（三）专业户猪场　在农村，大力提倡并支持专业化饲养。在远离规模场的养猪发展规划区的节点上，可从自繁自养专业户中选择有知识、有能力的老板，通过培训和知识更新，引导其向母猪饲养专业户、仔猪供应基点方面发展，其余养猪专业户全部改造为育肥专业户，形成 90% 以上的专业户和散养农户专门育肥、商品仔猪来源于规模饲养猪场或母猪饲养专业户的格局，提高社会生产效率。

（四）饲养小区　前几年建设的饲养小区，因密度太大、农户间意见难以统一没有形成合力，荒废或闲置的不少。应通过承包经营，将其改造成为多个单元的小型育肥猪场。

（五）牵线搭桥促成场户联合　通过场户联合，对购买断奶仔猪的农户或小猪场提供免费的后续技术服务，解决专业户批量购买仔猪的困难和技术知识贫乏的难题。同时，减轻规模饲养猪场扩大生产的土地、厂房等基本建设压力。

（六）多种饲养模式并存　规模饲养猪场、专业户猪场、散养农户共同存在，是中国养猪经济发展的自然选择结果。那种为了避免规模场受疫情威胁强行扑杀农户散养猪的做法，是一种为人不齿的强权、粗暴行为。规模饲养猪场为了避免散养户的疫情影响，可以通过扩散仔猪，使其成为自己的专门育肥车间；或者通过义务帮扶，解决其防疫、消毒和技术问题。

四、加速品种（品系）多元化，优化猪群内部结构

2006～2007 年，在我国东部 22 省、市、区暴发流行的高致病性猪蓝耳病疫情的教训之一，就是全国都是"杜长大"三元杂交猪。这种大范围内品种的单一雷同，为疫病危害的快速扩展提供了基本条件。

前事不忘，后事之师。

后蓝耳病时代，面对市场、疫病的双重挤压，许多养猪人已经自发开展了"品种多元化""品系多元化"和"杂交模式多元化"的探索和尝试。面对更加开放的现实和未来、更加复杂多变的疫病危害，我们必须坚定不移地加快推行养猪品种多元化。不仅规模饲养猪群要实现多元化，专业化猪群也应实现多元化。这里，需要明确，多元化是对不同猪场而言。一个规模饲养猪场内，或者一个专业户的猪群，应是相同的品种（或品系）。

（一）积极发展特色养猪　未来的国内消费市场，消费群体分化是不可逆转的趋势。部分高端消费者对具有地域特色、风味的猪肉的需求，以及更加开放便利的国外市场的需求，都给地方良种猪的发展提供了机遇和空间。在开发中应做到"两个注重"。即：注重具有风味特色的地方良种，如金华猪——火腿专用，巴马香猪——烤乳猪专用，藏香猪——香猪专用品种；注重具有特殊的地域适应能力的地方良种，如适应沿海潮湿地带的广东眉山黑猪，适应内陆干旱地区的陇东黑猪，适应东北寒冷地区的东北民猪，适应青藏高原的西藏黑猪。

（二）通过多元杂交扭转中国养猪品种结构单一的窘态　构建规模饲养猪群多样品系结构，需要猪场老板的积极配合。在此，老板转变观念是决定因素。所以要通过多形式、多途径的知识传递，使规模猪场老板认识到品种、品系和杂交模式单一的危害，认识到不同猪场品种、品系存在一定差异的好处。传统的"老三元"（杜长大、杜大长）和"新三元"（长杜太、长杜民、长杜宛、长

汉民、长汉眉三元。太：太湖猪；民：各种民猪；宛：宛西巴眉猪；眉：眉山黑猪），以及同四元（杜土×约×长）猪的并存，是结构多元化的必然。规模猪场老板可根据自己猪场的实际情况确定自己猪场的杂交模式，只是应当注意，要同相邻场（或小区）有所差异。

五、规范和提升社会服务

直面市场更加开放、竞争更加激烈的未来，规模猪场和专业户应主动出击，寻求同大专院校、科研单位，以及知名专家的合作，寻求饲料加工、疫苗销售、兽药经营等同养猪发展密切相关企业的合作，寻求同屠宰加工、信息服务、行政和业务主管部门的合作。通过主动合作，获取相关信息和技术，为养猪经济的发展拓展空间。饲料加工、疫苗销售、兽药经营屠宰加工、信息服务等单位，以及大专院校、科研单位、业务主管部门的专家学者，都应当不断规范经营服务行为，提升支持服务水平，树立自己良好的社会形象，与养猪企业和农户形成紧密相连、相互支持、相互协作的骨肉关系，进而推进业务的扩展。

饲养企业与饲料企业的分工合作是社会进步的表现，问题在于中国的饲料加工企业数量太多，并且存在许多非注册饲料企业。规模猪场和专业户购买饲料时陷阱重重，稍有不慎就采购了假饲料。这种生死相依企业之间的缺乏诚信和不规范经营，离间了两者关系，也使各自的经营更加步履艰难。所以，大型猪场都要建立自己的饲料厂，目的在于既保证不买假料，也降低些养殖成本。

在未来的后蓝耳病时代，要想轻松、快乐养猪，饲养企业与饲料企业必须从"貌合神离""老死不相往来"变成相互依托、紧密合作。否则，规模猪场无法解决饲料频繁更换原料产地和批量太小、质量不稳的问题，饲料厂也无法实现满负荷运行。鉴于饲料市场的净化、提高社会化服务水平需要一个时间过程，建议两者从委托加工、代加工做起，逐渐深化合作。从而实现规模猪场使用放心饲料专心养猪，饲料厂利用批量大、便于控制原料质量的优势，降低成本、扩展市场，形成双赢，共度时艰。

饲料加工企业也要根据后蓝耳病时代猪群结构更加多元化的现实，开发适用不同品种杂交组合、不同阶段猪的饲料新品种，严把原料进厂关口，确保产品质量的稳定。还应注重微量元素的选择，杜绝非饲料级矿物质原料进厂。

加强同科技人员的合作,开发适用于不同季节、不同地区、不同阶段、不同生理状态猪群的保健用中兽药添加剂、微生态添加剂,为猪群群体体质的提高提供支持。

同样道理,后蓝耳病时代快乐养猪,猪场老板还要学会利用社会资源,主动寻找突破口,主动开展同屠宰加工企业、科研和信息服务单位,以及兽药、疫苗等经营企业的合作,为规模饲养猪场的生存、发展拓展空间。

六、变挑战为机遇,利用外资做强自己

长期以来,人们将"土地承包经营"作为农村改革的标志性事件,忽略了生猪"统购统销"政策的取消对"三农"(农业、农民、农村的简称)的重大作用。"土地承包经营"放开了一部分农民的手脚,许多人还在观望。正是"生猪统购统销政策的取消",放开了生猪交易市场,使得农民很快得到了实惠,尝到了甜头,看到了希望,增强了信心。从某种意义上说,放开生猪市场,是"三农"活力的激发剂、农业经济的润滑油。

后蓝耳病时代快乐养猪

紧随着"土地承包经营"开放的生猪市场,在调整农村产业结构、改善农民生活、增加农业投入方面发挥了重大作用,国家在采取银行信贷支持、财政补贴、用地用电支持等政策支持农民发展养猪业的同时,又及时利用国家财政资金、引进外资、合资经营的形式,兴办了种猪场、饲料加工、兽药和疫苗生产等骨干企业,并兴办了一批"万头猪场",通过配套支持和典型示范,引领农民从分散饲养向规模化饲养的转变。20世纪90年代,规模养猪的发展,极大地提高了养殖效率,催生了"春都""双汇"等猪肉深加工企业,形成了"种植业的多余粮食—以规模饲养为突出特征的养猪业—屠宰加工—深加工"这种初级产业链。

当前,国外资本已经成功进入种猪生产供应、饲料加工、屠宰和深加工等养猪产业链中的利润高地,外资的大量涌入阶段已经结束,这是改革开放后国外资本对中国养猪经济的第一波冲击。接下来的第二波冲击将围绕争夺对大豆、玉米等饲料原料的控制权,取消猪肉、疫苗和兽药的进口限制展开。从国内看,随着廉政建设的深入和社会风气的好转,养猪经济会迎来一个新的发展机遇。因为随着国家产业结构的优化调整,游离出来的许多资本需要寻找新的出路,那些需要资本较多的猪产品深度开发项目,可望在这些资本的参与下

变成现实。

　　未来最令人担心的是国内其他行业流动资本盲目进入规模养猪行业，而不是理智地投向产业链的两端延伸、猪产品的综合利用、猪产品的深度开发。

　　国外资本直接进入中国，或者国外低价产品（猪肉）的大量涌入，既是挑战也是机遇。首先，最起码有一个逼迫作用，促使中国规模养猪在低成本、低消耗、低污染方面，在改进猪的生存小环境、降低猪的病死率方面，探索、尝试、采用新的技术。其次，国际资本的注入会促进国内规模猪场的管理同国际接轨的步伐，拉升国内规模饲养的整体管理水平。其三，引进国外资本的过程，也是学习提高的过程，若在引进资本时，附带有先进、实用技术引进，对改造国内规模猪场的作用更大。其四，利用引进资本利率低、使用期长的特点，强化综合利用、延伸开发项目，强化环境保护与治理项目，都是不错的选择。

第六节

猪场经营的思路和基本办法

后蓝耳病时代快乐养猪

国家有一个战略，叫作"可持续发展"。套用到一个猪场，其经营战略或基本方针就是要追求"平稳持续发展"。因为，几十年规模养猪发展历程告诉人们，养猪业是微利行业，但它毕竟是国民经济的基础产业，同老百姓的日常生活紧密相关，其产品有不可替代的实用价值。只要不是"猪周期低谷阶段"同国民经济紧缩期的吻合年份，只要你的猪场不发生大的疫情，养猪就不会赔本，只是挣钱多少的差别。所以，只要你的猪场能够持续多年保持平稳生产，就会有积累，就有可能发展壮大。

打铁先得自身硬。经营之道在于平稳生产。

平稳生产的基本要求是不发生大的疫情。多大的疫情是大的疫情？一次疫情中病死猪超过20%的疫情就是大的疫情，这一批猪等于白养。一年中病死猪超过40%的年份就是瞎忙活的年份，这一年等于白干。若一次疫情病死猪超过了50%，那就是重创，就是毁灭性疫情。因为至少你要再奋斗3~5年才能恢复元气，才能恢复到目前的水平。所以，对于基本建设漏洞较多、疫病防控体系不完整的专业户猪场和家庭猪场,经营管理的重心仍然是日常管理。

对于那些规模猪场和计划进入养猪行业的老板,要考虑的不仅是稳定生产,还要考虑建场时机、猪场定位、群结构和周转计划等一系列问题。

一、确定合理的分配机制

猪场不论规模大小,都要追求平稳生产,确保不发生大的疫情。要做到不发生大的疫情,关键在于搞好日常饲养管理,在于完整有效的疫病防控机制,在于一支高素质的员工队伍。

影响猪场饲养管理水平的因素很多,但其最核心、最重要的因素是人。是员工能否将企业当作自己的家,能否将养猪当成自己的事业。要做到这些,固然需要良好的工作环境,需要企业文化的熏陶,需要高素质的员工队伍。但是最根本的仍然是分配机制。唯有合理的分配机制,才能够调动员工的工作积极性、主动性、创造性。没有这一条,高素质员工不愿意往你的企业里来,在企业里面的员工心思不在工作上,何谈加强饲养管理? 又怎样保证不发生大的疫情? 平稳生产还不是一句空话。因而,不论是已经建成的猪场,还是计划建设猪场,作为老板,一定要把确定合理的分配机制作为猪场经营管理的第一要务。

二、选择恰当的介入时机

根据自己占有的社会资源和获得社会资本的能力,预测建设猪场的工期,在"猪周期"处于下滑或谷底阶段开工建设猪场,务求在市场商品猪价格上扬阶段出栏上市。

三、控制适当的存栏规模

新古典经济学认为,在技术给定条件下,一国经济长期增长的动力主要是资本积累和劳动力提供。即:要素投入是长期增长的关键因素。但在要素约束条件更加严厉的情况下,经济增长就需要内生动力。

长期增长靠要素、人力资本与技术创新,短期 GDP 的形成则要把握好消费、投资和净出口"三驾马车"的关系。当前,年度增长速度从两位数降到8%以下的我国经济,运行中面临不少困难和挑战,下行压力较大,结构调整阵痛显现,企业生产经营困难增多,部分经济风险显现。

2010年后，国家一直把拉动国内居民消费作为经济增长的重头戏。修建高速公路、高铁、城际高铁、地铁的交通行业发展，拉大城市框架的房地产开发，以及旅游业的发展，都会加大对猪肉消费的需求。所以，未来的30年，社会对猪肉的需求依然是持续增长状态，只是这种增长更加缓慢，更为理性。"猪周期"在这种缓慢增长中依然存在，并且会随着养猪新技术的运用、装备的不断更新、计算机技术的渗透，促进养猪业的生产效率缓慢上升，商品猪价格跟随投入品价格的上涨缓慢上升，其跌涨幅度的绝对值更大，每头猪的利润空间更小，企业被迫以适度规模维持其生存。直白地讲，只要不是以"自产自销"为目的的散养农户，不是饲养成本极低的"爱心猪"饲养户，作为猪场，要想经营下去，必须保持适度的存栏规模。

四、重视大宗原料储备

饲料是养猪业消耗量仅次于水的有形投入品。饲料价格浮动幅度受年度丰歉、国际市场粮食价格及国内期货市场粮食价格波动、政府宏观调控等因素的影响，差距很大。企业费尽周折赢得的利润，常常因饲料原料的价格波动予以抵销。

有经济实力的老板，应注意在玉米、豆粕、葵花籽粕、花生粕、植物油、鱼粉等大宗原料价格走低时采购存储。足够的原料储备会有效降低生产成本，增强企业抵御市场风险的能力。

五、用量化指标体系管理支持经营

在猪场经营管理中，人们最为喜欢的词组是"有较高的执行力"。

执行力从哪里来？从合理的分配机制中来，从规范的管理程序中来，从良好的企业文化中来，从企业对员工的关怀、爱护、体贴中来。

目前普遍存在的问题是缺乏规范的管理程序。

管理程序规范与否如何体现？体现在日常生产活动的量化指标体系的建立。不论是从提高生产效率角度，还是从推广实用新技术角度，都需要突出量化指标。管理水平较高的企业，还要考虑将关键生产岗位、关键环节的量化指标相互衔接，形成量化指标管理体系。

为什么要强调量化管理？因为在解决了分配机制问题之后，员工能够得到合理的报酬。日常生产中最能够影响员工情绪的因素就数"公平"。"不平则愤,不平则怒,不平则鸣"。所以,不公平常常是消极行为的催化剂,是员工工作积极性、主动性、创造性的隐形杀手,是生产效率低下的无形推手。

缺少量化指标的人为因素,是导致不公平的根源所在。例如:合资企业普遍推行的上班打卡制度,就很好地解决了"迟到与否"的人为因素。同样,在猪场的日常管理中,能够引入量化指标管理,就会消除许多人为因素导致的不公平。如"天气突变时饲养员立即到猪舍关闭门窗"同"天气突变时饲养员于3分钟内到达猪舍关闭门窗"相比,后者突出了量化指标,管理中若有争议,调出录像就一目了然,就消除了偏向某一个饲养员的人为因素影响。

尽可能多地将生产中各个岗位、各个环节的管理要求量化,形成量化指标体系,是消除不公平的根本办法,是提高企业经济效益的捷径。所以,高水平的猪场日常管理,是以量化指标体系支撑的管理。越是细化、具体的量化指标管理,越能体现公平原则。

六、协作攻关延长产业链

向生产的深度和广度进军,是企业保持活力的源泉。经营者应瞄准整个行业的系列开发、合理开发和充分利用资源做文章,实现点石成金、变废为宝。

唯有在养猪场内的人,才能够最先发现养猪生产中的问题。同样,唯有在猪场一线工作的人,才有可能提出最为中肯的改进建议。所以,通过科技进步不断革新创造,挖掘生产潜力,提高生产效率,向生产的深度进军,需要一线技术人员和工人的协同作战,也需要老板、场长等经营管理者的重视。

以较少的投资,获得更大的经济收益,是所有猪场老板的共同期望。围绕养猪产业的发展,不断开发新产品,延长产业链,是猪场扩大经营规模、增加收益的又一条捷径。

环境压力较重的东部地区猪场,若能够组织力量将猪粪开发成粪砖、营养钵等商品,就可以实现猪粪的异地消费利用,在减轻当地环境压力的同时,增加企业收益。

研发能力较强的猪场同屠宰加工企业结合,通过协作攻关生产具有特异性免疫力的血清、抗体或多价血清、多价抗体,不仅可以为猪群疫病防控提供有力支持,也对无公害食品的生产大有裨益,企业自身也能够获得较高的收益。

　　资金雄厚企业同屠宰加工企业联手,开发猪内脏器官等生物制品,同样具有广阔前景。

　　当然,向生产的深度和广度进军要做的工作很多,多的是要开发的项目。关键在于经营者的思路和眼界,在于你是否能够发现这些项目的潜在价值,以及能否组织起有关资源进行开发。

附件　互联网集资养猪及其风险

　　随着互联网的兴起,一些养猪企业在发展畜牧业的过程中,尝试运用"互联网＋"的模式筹集资金,以解决猪场扩展中的资金问题。

　　这种新的筹资模式的突出优势就是利用互联网这个平台,将分散在不同地域的闲散资金变成资本,进而同养猪企业联结在一起,实现资本同企业的对接。回顾规模养猪历程可以看到,我国规模养猪是由小到大,滚动发展,逐渐壮大的;展望规模养猪现状,可以看到的客观事实是企业不论大小,都存在发展的冲动,有的是扩大规模,有的是治理污染,有的是更新设备,等等。渴求资金是共性问题,只不过程度不同罢了。"互联网＋"这种融资形式的出现,将一改过去那种祈求银行的被动局面,企业家可以利用互联网平台去筹集发展所需资本。

　　同世界上所有事物一样,互联网集资也有它的许多弱点,最为突出的是这种筹集资金方式具有一定的集资风险。

一、互联网集资风险的表现形式

　　第一,对于集资发起人来讲,这种集资行为操作起来难度很大。作为一个养猪人,受你的个人能力和影响力局限,很难独立完成集资活动。而目前的互联网平台,鱼龙混杂,管理秩序并不完善,一不小心,你就可能搭上那些非法平台。非法互联网平台的操盘手,是什么事都敢干的,谁知道那些人拿到你的项目可行性报告、集资合同,以及你的企业的详细资料去干什么? 换句话说,你需要鉴定互联网平台的真实性、安全性,而这恰恰是你个人无法做到的。

第二，对于投资人来讲，从互联网上看到了你的集资意向书和项目可行性报告，也看到了有关你企业资质的文件。但经办人不见得就是真实的企业委托人，这就加大了投资风险。直白地讲，出资人不到企业实地考察，只是通过网上审查资料就落实的投资，不见得就能够如数到达企业账户。

第三，对于委托机构来讲，不可能为了这一单生意，将自己的经营情况和盘托出。而这种有选择的公布，恰恰是漏洞所在。因为大家都是有选择地公布，所以就存在委托机构的鱼龙混杂局面。

二、互联网集资风险的规避

第一，就发起人而言，这种通过互联网向不确定的公众对象集资的行为，最容易同非法集资混淆。所以，你在发起集资时，要向公众讲明集资的数量和期限、资金用途、利益分配机制、监督办法和监督机制，这样就避免了"滥发"吸纳社会资金的嫌疑。

在平台选择方面，应尽可能选择社会信誉度较好的平台，并亲自带领律师会同平台方法人代表，一起前往工商管理和金融监管机构审查其资质。在确认平台的真实安全之后，同平台法人洽谈委托发布信息和监管机制，双方签订委托发布信息合同（或委托发布信息和募集资金），合同中应明确集资事件和数量，开户行和金融监管机构。最好请合法公证机构对合同进行公证。发布信息时，应将资质审查结果、监管机构、公证书，随同募集资金、章程一起发布。

第二，就出资人而言，要明确意识到，通过互联网养猪或认领养猪（以下简称认领、认养）等行为的实质，是理财行为，投资行为。自己要明白"所有的投资都有风险"。如果没有这种起码的心理准备和抗风险心理素质，最好不要参与。

参与认养、认领活动的投资人，在决定投资之前，应当通过各种途径了解你要投资的企业，最好自主实地考察（别人带领你的考察，你不一定能得到真实情况）。因为你要把资金交给你从未谋面的养猪人去替你养猪，对方的人品和养猪水平，你总要有所了解，否则，你的资金就可能"打水漂"。因为不管谁以什么形式集资，你和对方的关系说到底是合伙经营,赔钱了他拿什么给你分红?不明白这一点,你的投资行为就是盲目的。这种不确定对象的募集资金人的人品很难了解,但是其养猪水平还是可以通过实地考察验证的。譬如其养猪历史和存栏规模,企业基础设施建设水平,经营管理水平,负债情况,当地的基本条件等。通过对这些要素的考察,会对其未来的发展有一个大体评估,为你做出投资决定提供决策依据。

审查募集资金方案时应注意几点:一看是否夸大其词,用高回报率诱惑你。养猪是整个行业产业链的末端,微利有风险是行业的基本特征。对那些高出国家规定的年利率24%的方案,就直接作为废纸处理,别再浪费时间。二看是否封顶,是否有人数或资金总量限制。通常,养猪企业扩大再生产,或者治理污染,或者更新换代,都有投资总量的上限。筹集的资金自己暂时用不着,还得付利息、分红,哪一个老板舍得将自己辛苦挣到的钱白白送人?说白了,无限制地吸纳社会资金,就说明是"拆东墙补西墙",以"后来资金弥补前面投资人",就是非法集资。三看募集资金的用途和监管机制是否健全。在资金用途上含糊其辞,或者使用不确定语言、动态发展的理念表述等,都应引起投资人的警惕。企业改革的基本原则是什么?是"三公四自"(公开、公正、公平和自主经营、自负盈亏、自我约束、自我发展),那些缺少资金使用监管机制的企业,本身就是不成熟企业,其未来发展前景堪忧。四是审查代理人的资格(包括提供的身份证明、委托文书,以及提供的融资账号、账户是否与合同文本一致),是否收取佣金等。

下决心投资前的最后一件事,是逐字逐句地审查合同文本。所有的合同文本都应当是投资双方真实意图的表达,这是法律赋予你的权利。不要被格式合同所局限,对有异议条款要另行商议,将达成共识的内容补充进去即可,但是要注意在修改部分摁上指印,以表明集资人接受了投资者在该条款的权利主张,获得了共同认可,是双方的共同意向。

转账或打款时认真审查开户行、户主、账号等信息,看与合同文本上的是否一致。一旦打进错误账户、账号时,损失只能自己承担。

第三,就平台方而言,规避风险相对简单。只要你是正正经经在互联网上做生意的企业,你就应该有有关管理部门的正式批文(工商部门的营业执照或互联网企业的隶属机构证书）。这些批文就是为你的平台在互联网上服务提供的身份护照，没有不可以公开、展示或不让委托方或投资人调阅的理由。

在同被服务对象签订服务合同后，应当依法对合同内容逐条逐字审核，还应当严格审核集资人的资质。负责任的平台在审查诸如集资扩大企业的合同时，应当特别小心。要委派专人前往委托方进行实地考察，或委托有资质单位、经纪人实地考察。至少，应当咨询服务对象所在地的行政主管部门和行业主管部门。否则，就可能替骗子发布消息，不仅没有挣到服务费，反而涉嫌诈骗案件。

三、结语

任何一件新事物的出现，都有一个社会熟悉、认知、认可的过程。互联网集资也是新事物，尽管它具备了"短时间在大范围内将社会闲散资金同养殖企业对接"的优势，但也确实存在投资、融资双方相互不了解的弊端，在我国经济社会诚信体系尚不完善的前提下，很容易被不法分子钻空子，诱发非法集资和金融诈骗案件。

展望未来，有充分理由相信，随着我国经济社会诚信体系建设的快速发展，以及互联网企业的自我约束机制的不断完善，互联网集资将会在社会经济建设中，充分发挥自身优势，为养猪事业发展，乃至国家经济建设提供新的动力。

第一章　资本和猪场

第二章
老板和猪场

一般人认为，小猪场的成败在于管猪，大猪场的成败在于管人。本书强调的是小猪场成败在于管猪，大猪场的成败在于用人、选人和育人，在于老板的人格魅力。

第一节
老板的魅力

　　新中国脱胎于半封建半殖民地的旧中国，作为炎黄子孙，每一位公民的思想意识都或多或少受到传统文化的影响，其思维方式和行为很自然地带有传统文化的烙印。在中国，传统文化中流行最广、影响最大的是儒家文化的"三纲五常"。如果说"君君臣臣、父父子子、夫夫妻妻"以"忠"为核心的"忠孝节义"是"阳春白雪"，是正统，那么，"仁义礼智信"就是大众文化，就是"下里巴人"，对社会生活的各个阶层、方方面面，都发生着深刻的影响，不愿意承认这一事实的人，可以从遍布祖国各地的"关公庙"去慢慢体味。

　　关云长之所以得到民众尊崇，在于其"大仁大义"。练武之人崇敬关云长，不仅仅是对于关云长武艺至高的崇拜，更重要的是崇尚其武德。经商之人崇拜关云长，崇尚的是关云长的仁义和诚信。行医卖药之人敬奉关老爷，崇尚的是关云长的慈善和普度众生。而走江湖的演艺圈和种庄稼的普通民众，将关老爷作为"神"来敬奉祭拜，则是将关云长作为"仁义礼智信"的化身，将其视为崇高的精神楷模。

　　一个篱笆三个桩，一个好汉三个帮。作为一个猪场老板，一个企业家，一个决定猪场走向和命运的人，既要懂社会经济，同行政官员打交道，也要知民众苦辣酸甜，同平民百姓交往。既要深谙经营之道，更要精通管理之术。而这一切的前提，是对中华文化的深刻理解、认知和认真把握，是塑造自身的强大人格魅力。否则，就笼不住人，就形不成团队，而把事业做强做大，只能是一种期望。

所以，一个合格的猪场老板，一个有可能成就一番大业的猪场老板，首先是一个有人格魅力的人。

一、人格魅力的塑造

中国有句谚语：从小看大，仨生（三岁）至老。

讲的是对人才的分析、把握，意思是通过对一个三岁孩童的语言、行为观察，可以预知其未来的人生轨迹。有的人，在孩童时代就充满了领袖欲，就善于运用语言、行为影响别人，进而领导、指挥别人。有的孩童则一直处于模仿、追随别人的"被领导"状态。西方人通过现代科学研究发现，存在这种差异的原因，是左、右脑功能开发利用程度不同的结果，那些左脑功能得到及时开发利用的人，动手能力和形象思维能力强一些；右脑功能强大或者先期开发利用得较好的人，记忆能力、语言表达能力和逻辑思维能力强一些。

当人们运用辩证唯物主义的观点去审视这句谚语的时候，会发现其客观、真实、合理。三五岁的孩童，由于大脑结构的差异，或者家长启发引导的早晚的差异，形成了动手能力和记忆思维能力的差异，是非常自然的普遍现象，也是多数人并不注意的现象。正是这些微小的差异，影响了孩童的行为。那些记忆思维能力强的孩童，在别人认真聆听其演讲中满足了自尊心，增强了自信心，进而更加热爱学习，记忆能力更强，思维更加活跃，也更加受到小伙伴的尊崇，逐渐成为领袖儿童，成为"孩子王"。而那些处于从属地位的孩童，少数不甘人后的孩童受到启发，开始学习，逐渐成为新的"孩子王"；部分动手能力强的孩童，在倾听、模仿中获得了娱乐，之后继续动手制造自己的玩具，往"爱迪生"方面发展；多数动手能力一般、记忆力也一般的孩童，只是在游戏中娱乐，在欢乐中成长，逐渐与"孩子王""爱迪生"拉开差距。当然，"孩子王"要成为真正的社会领袖，"爱迪生"要成为真正的发明家，还有好多路要走，还面临着许多风雨和挫折。人们期望所有的孩童都成为有用之才，但那只是一种美好的愿望，毕竟各个家庭背景不同，个人成长的道路各异，这种千差万别的家庭背景和成长环境的差异，塑造了千千万万性格各异、聪愚不等、各有所长的孩童。

孩童成长中的分化过程，给人们塑造人格魅力带来了重要启示。有影响力的孩童必须具备三个条件：一是有新颖的见解，所讲述的故事、见闻，或者所玩耍的游戏，所有的孩童都没有听说过，没有看到过。二是遇到问题时有办法，能够给大家出主意，带领大家解决问题，有能力。最后是"好玩"，就是按照儿童的游戏规则行事。经常破坏儿童游戏规则的"孩子王"就"不好玩"。"不好玩"时，追随的孩童会越来越少，慢慢地丧失掉"孩子王"地位。归纳起来就是有创新精神，有能力，守规矩。

作为一个成年人，一个企业老板，想塑造自己的人格魅力，也应该从这三个方面努力。但是，由于是成年人，顺序要颠倒一下。首先，要守规矩。要按照成人、社会人、企业法人代表的游戏规则行事。其次是有能力，能够解决现实生活或生产中的问题。三是具有创新意识和创新精神。

作为一个成年人，一个社会人，一个企业法人代表，诚信经营和人性化管理，是其参与社会活动最基本的游戏规则。否则，企业的路子会越走越窄，团队成员也会越来越少。

社会主义市场经济背景下的养猪，是商品生产活动，这个活动中资本的影子无处不在，资本贪婪的劣根性随时都可能得以表现。

"己所不欲，勿施于人"。面对暴利，面对诱惑，能不能坚持诚信经营，信守道德底线，是所有老板都必须经历的锤炼和煎熬。谁能够抵挡住诱惑，坚守住诚信底线，谁就实现了涅槃，完成了人格的升华。

抵挡诱惑定力的修炼，靠的是坚守道德，坚守信念底线，靠的是持之以恒、自我约束。大丈夫"威武不能屈，富贵不能淫"讲的是坚守自己的道德底线，不畏强权，不苟钱财。"君子求财，取之有道"，同样是讲坚守自己的道德底线。什么是道，道就是社会公众所遵循的一般经商法则，按照社会公众认可、允许的法则行事，取得的财富是"有道之财"，否则就是"不义之财"。"不义之财"当然不被社会承认，也不会被公众认可。换成现代社会语言，就是从事符合国家法律法规的经营活动，经营中运用、遵循国家的法律法规。

道在哪里，法在哪里？在每一个人的心底。心里有一条红线，坚持不去触碰,坚决不去跨越,没有定力怎么行?

"冰冻三尺,非一日之寒",高尚的人格,并非片刻的修炼之功,需要持之以恒地坚守,需要铁棒磨针一样的修炼,需要不断加强自身修养。

办法从哪里来?新颖的思维从哪里来?从不断学习和实践中来。

"活到老,学到老""不耻下问""三人行必有我师",是前人的经验,也是前人成功的精髓。关键在于能不能认真去做,能不能持之以恒地坚持下去。

"学而时习之,不亦说乎"。圣人尚需"吾日三省吾身",何况作为一个后蓝耳病时代的养猪人,一个企业家?不学习,遇到问题你拿不出好办法,更不会有创新意识和创新精神。所以,不断学习,向书本学习,向生产实践学习,向专家学者学习,向一线工人学习,是猪场老板形成并保持强大人格魅力的唯一途径。

二、人格魅力的展现

人格魅力的塑造和形成,是一个渐进的过程。人格魅力的展现,同样是一个渐进的过程。

公民道德规范要求人们在社会活动中遵守国家法律和社会公德、公约,做文明公民。

猪场老板和管理人员要自觉遵守公民道德规范,自觉用国家法律和社会公德、公约、场内规章制度规范自己的行为,养成执行制度的习惯,成为执行制度的模范,率先垂范,影响和带动员工做文明公民,做优秀员工。

平凡岁月中的人格魅力,主要是通过言谈举止展现。一个有人格魅力的人,语言和蔼,严谨温和,清晰利落,风趣幽默。日常生活举止得体,行为大方。行事条理分明,做人光明磊落。

试想,一个猪场老板,整天出入于歌厅、酒吧、洗脚城,沉迷于风花雪月,哪里还会有精力管理生产?多少天难得同员工见一面的老板,对生产中的问题又会能知道多少?在分析、讨论、会商解决生产难题时,文不对题地瞎胡咧咧,怎能赢得人们的尊重?谁还敢指望他提出正确的决策?更何谈创新意识和创新精神?

猪场老板的人格魅力,展现于日常岁月平凡小事的处理,更展现于关键时刻、关键事件的处理,关键人的启用。譬如市场商品猪价格高峰期和低谷期对母猪群的调整，再如发生重大动物疫情时的处置决策、重大投资项目的拍板，又如经理人选的选择和确定等。这些关系到猪场发展前途和命运的关键时刻、关键事件的处理是否得当，关键人选的确定是否准确，都包含着猪场老板的聪明才智和人格魅力。那些果断的正确决策，靠的是平常岁月知识的积淀，靠的是无数次面对诱惑的砥砺和磨炼。

三、个人魅力在管理中的运用

市场经济的基本法则是公开、公平、公正。

世界上所有的生命体都要生存，都要为了生存而加入到剧烈的竞争之中。一系列的实验证明，人类对公平的偏好是天然的。甚至一些来自动物的实验也证明，动物也有公平偏好。作为一个猪场老板，在其经营活动中，要遵从这些基本规律。在自己企业的管理中，更应当自觉运用这些规律。

老板要运作资本，实现利润的最大化，其主要精力用在经营方面。猪群的管理靠的是一线工人，企业内部的正常运转，多数情况下是由场长或经理为首的管理层落实。老板所要做的一是谋大局，谋长远；二是抓关键人和关键事；三是知人善任，放手管理。

（一）看走势，谋大局，风物长宜放眼量　后蓝耳病时代养猪业发展面临资源约束、空间狭小、疫病威胁加大、产品质量要求更高等挑战，需要开拓市场，抢占市场制高点，需要从新产品的开发、内部挖潜、延长产业链等方面寻求突破。就一个已经成型的猪场而言，优化猪群结构、强化疫病管控、提高饲料的利用率和转化率、深化对商品猪市场规律的认识并加以利用，成为猪场能否持续稳定发展的关键。猪场老板就要紧盯商品猪市场、原料市场、资本市场的走势，以及国家政策和市场消费的趋势，及时调整自己猪场的品种结构、后备猪和繁殖母猪群的结构，调整自己猪场的原料采购、储备、加工等应对策略。此外，老板还要紧盯疫病的发展变化趋势，以及疫病防控的技术进展，使本场猪群的疫病一直处在可控状态。所以说，老板不可缠身于具体的日常管理，其主要精力应当放在"看走势谋大局"方面。

（二）牵牛就牵牛鼻子　老板要"看走势谋大局"，猪场的日常饲养管理只能委托管理层完成。那么，如何保证对企业的有效管理就成为老板们的一块心病。现实中也确实存在许多企业因老板放松管理而失控的案例。在此，笔者给各位猪场老板的建议是"牵牛要牵牛鼻子",变直接管理为监督。就是通过"抓紧关键人,抓住关键事"和对"关键人、关键事"的"三全(全方位、全天候、全过程)监督"来提升猪场的管理水平,老板自己做到"三转悠",并且及时审阅"一报表"。简称"两关键""三全""三转悠""一报表"(也可以归纳为猪场老板控制猪场的2331方案)。

1. 抓紧关键人　关键人指场长,副场长(或称总经理、副经理),畜牧师,兽医师,会计师。对这几个关键人,不仅聘任前要考察,聘用后更应当监督,并要有继续观察。这种监督,更多的是运用制度来实现,而观察则需要老板自己的努力。观察这些关键人在关键事件处理中的态度和作用,观察他们在企业的日常行为和语言,观察他们对待家人和亲戚朋友、战友、同事的态度,通过这些直接观察,获取对关键人个性、习惯、作风、人格、能力的全面、准确了解,进而将有才华的人放在恰当的岗位,最大限度地发挥人才潜能,实现人尽其才,物尽其用。这样做,既有利于各个关键岗位工作职责的准确履行,也有利于日后调整岗位时人才的选拔和使用。

2. 抓住关键事　扩建、改建方案的确定,融资扩股、新项目或新产品的开发,拆迁征地,建场盖房,这些涉及猪场发展方向或大宗投资的大事,要亲自抓。员工素质标准,工资、奖金的确定,利润分配方案的确定,年终奖的颁发,这些涉及企业用人机制的事情也要亲自过问。日常经营中同有关部门的沟通,资金拆借,固定购销渠道的建立。日常管理中部门正职的任命,末位员工的辞退,重大疫情的报告、扑灭,大宗原料的采购等关键事务,尽管有分工,有具体的责任人,老板必须知道谁去办理,怎么办,办得怎么样。关键时候,甚至还得老板出面。

3. 履行"三全监督"　"三全监督"是指对企业的全过程、全天候、全方位监督。在此,笔者强调,要根据不同对象、不同事项、不同时期,采用不同的监督方法。

(1)全过程监督　全过程监督是指对生产过程管理情况的监督,其监督的对象是关键人。老板不能等到母猪大批死亡才发现问题。定期到猪场巡查或观看车间生产情况录像,有助于及时发现问题,可以避免由于场长、技术人员的自负、消极懒怠而造成毁灭性疫情。

(2)全天候监督　全天候监督是指对员工行为、人品、素质的考察,其监督的对象是全体员工,重点是关键人。老板用自己的行为、人格去影响和塑造员工队伍,及时发现员工中的不负责任现象和不良苗头。老板不可以也没必要直接去批评员工,批评或纠正员工的错误行为,是直接管理者的责任,但是老板应将在巡查中发现的问题及时告诉管理层,以便于及时纠正。

（3）全方位监督　　全方位监督是指对猪场生产、经营所涉及重大事项的监督,其监督对象是管理层和关键人。老板对猪场经营管理中重大事项、关键事项的监督,是通过对关键岗位和关键人的监督实现的。这种监督着眼于关键岗位职责的履行情况,关键人的行为、人品等。

4.“三转悠”　“三转悠”是猪场老板的日常活动的简单概括。

一是到猪场转悠。老板不定期到猪场转悠,会直接发现管理中的问题。即使是外行,也会发现岗位职责是否真正落实到位。此外,老板在猪场内不定期地转悠巡查,对场内管理人员和一线工人,都是一种鼓励,一种督促,有利于管理层的工作。在此强调四点,首先,老板在转悠巡查中发现问题时,自己不要直接批评员工,只要告诉管理层即可,一可避免老板不懂行出洋相,二可达到更好的效果。其次,老板巡查的时间应该是随机的,不得让场内管理层或员工掌握你的规律,以便摸到真实情况。其三,不可过于频繁,偶尔的突然巡查更具威严,更具有督促作用。其四,巡查要面面俱到,认真细致,不留死角。种猪舍、产房、保育舍等关键环节要看,公猪舍、育肥舍、饲料加工间要看,兽医室、仓库、伙房、职工宿舍也要看,就连储粪场、污水处理池也要看,并且要认真看、仔细看,发现异常情况拿不准时,应在巡查后同管理人员、技术人员及时座谈沟通,必要时,可带领有关人员再次巡查、重点复查。

二是到政府转悠。闲暇时老板到政府机关适当走动,一可增进同相关部门的领导或工作人员的相互了解,加深友谊;二可及时沟通解决生产中的问题;三可第一时间掌握相关政策,避免在经营管理中走弯路。可能许多老板不愿意到政府机关走动,甚至刻意回避。其原因大家心知肚明,害怕政府机关的官员“揩油”,认为是无事找事,自寻麻烦。这种认识是错误的。因为企业要发展壮大、上规模,在当前市场机制并不完善的情况下,地方政府的支持有时甚至成为决定成败的关键因素。确实有“揩油”的官员,但索贿“揩油”这种事毕竟拿不到桌面上,只要你自己奉公守法,不卑不亢,就没什么好怕。更何况政府还要发展当地经济,还要政绩,你自己还需要了解国家政策走向和融洽的

后蓝耳病时代快乐养猪

投资环境。与其躲不掉、绕不开，不如直面相对。

三是到市场转悠。同场内业务人员一同出差，共同调查原料市场，走访原料供应和销售单位，甚至陪技术人员参加学术会议，也是猪场老板实施对经营管理活动监督的一个重要内容。这样做一可表达对该岗位工作或人员的重视；二可观察了解岗位工作和员工素质的过程；再一个是老板自己体验生活、学习知识、提高素养的需要。所以，老板不能懒，不能怕吃苦，只有你对涉及猪场经营管理的各个环节都弄清了，摸透了，成为行家里手，看问题才会准确，发言才有分量。

5."一报表" 一报表是指猪场净现金流量表。就是猪场老板定期查看、审阅财务室出具的净现金流量表。每个季度到猪场走动一次，直接到财务室看看"净现金流量表"，既可表达对财务工作的重视，又可掌握猪场当时的净现金结余情况，不至于到赔得"只有卖裤子"的时候才发现经营业绩不好。

（三）做明白人 同一个家庭一样，一家之长是个明白人，许多事情处理得就得当，家庭就和睦，接下来就是"家和万事兴"。作为一个企业家，一个猪场老板，是企业的决策人，就是猪场这个社会细胞、社会小家庭的家长和灵魂，必须是一个有主见的明白人，一个有高度责任意识的人，做到"知人善任、敢于授权、敢于换人"。此处的"知人善任"是指"关键人"。

1."知人善任" 知人善任的前提是了解人、理解人、尊重人和信任人。知人善任、敢于换人，将合适的人选拔调整到合适的工作岗位上。不仅要敢于提拔人才，而且还要敢于将不称职、浑浑噩噩的老好人，特别是不忠诚者换下去，甚至将其解聘。换人需要讲究艺术和方法，不能唐突做出决定，以免遭遇不必要的抵制和反抗，而是要在动态中采取行动。例如，通过新项目来重新配置管理者、通过新部门的设立来选拔优秀的管理人才等。

2."疑人不用，用人不疑" "疑人不用，用人不疑"是古往今来的用人法则。不论是规模猪场，还是存栏繁殖母猪100头以上的家庭猪场，老板要想把猪场办得红红火火，必须有一支团队，依靠团队的分工合作，来维持猪场的正常运行，实现资本的增值。老板是这支队伍的核心和灵魂，要把你的意志变成企业行为，需要团队成员理解你的意图，需要团队各个成员的主动工作和自觉配合。在此，了解团队成员的性格和能力，将其放在最佳岗位，是发挥其特长和主观能动性的前提。

相互理解和尊重是保持良好合作关系的必要条件。在岗位上放开手脚大胆工作，既是老板对团队成员信任的体现，也是团队成员对老板信任的回报。

猪场老板作为团队的核心和灵魂，必须对企业负责，对团队成员负责。做明白人，做有主见的明白人是先决条件。正常情况下，来自四面八方的团队成员，抱有各自目的，有为事业而来的，有为钱财而来的，也有为你的人格、人品而来的，还有的就是临时过渡。猪场老板对此应有清醒的认识。

不论大家到来之前有什么想法，到了猪场之后，必须围绕猪场的稳定生产和发展思考问题，为猪场的稳定生产和发展献计献策，出力流汗。"当一天和尚"就得"撞一天钟"，这是最起码的要求。"论功行赏""看业绩用人""不养闲人"这三条用人准则，只是老板自己知道不行，要明确告诉团队成员，并且通过团队成员告诉每一个员工。

3. 允许员工有自己的想法和爱好　允许员工有自己的想法，自己的爱好，甚至是同猪场事业不沾边但不矛盾的事业，是老板必须拥有的胸襟。作为团队成员，应当分清主次，自觉将自己的想法、爱好、业余事业统一到猪场的稳定生产和发展上来，将同猪场发展无关的个人爱好暂时搁置起来，不讲同猪场事业发展有矛盾的话，不干同猪场事业发展有矛盾的事，是聪明人的选择。

后蓝耳病时代快乐养猪

在特定时期、特别事件的处理中，老板应明确告知团队成员集中精力，暂时放弃兴趣、爱好或私事。非不可抗拒因素条件下，团队成员都应该自觉放弃爱好或私事，保证企业顺利处理特别事件，度过特殊时期。

4. 大事清楚，小事糊涂　大事清楚些，小事糊涂些，是猪场老板、团队成员之间，处理人事关系应当把握的原则。事关猪场稳定生产和发展的重大事项，决策前组织团队成员讨论，让大家充分发表各自的看法和建议，然后博采众长，集思广益，是科学决策的一个重要环节。猪场老板应提前给出题目，让大家认真思考；讨论时让大家畅所欲言，有条件的可以录音、摄像，以便反复听取、仔细咀嚼；讨论结束后应当归纳大家的意见，形成决议。讨论中发生不同意见碰撞时，应及时疏导，避免讨论演变成辩论，杜绝带有个人成见的人身攻击。注意，归纳意见形成决议不是简单地将各种意见累加，而是根据事业发展需要取舍。归纳大家意见的过程，是老板吸纳员工有益建议的决策过程，也是老板发现人才的过程。所以，重大事项讨论会不能走过场，搞形式。若老板有事脱不开，或者没有准备充分，宁可推迟或不开。

5. 理解和关心团队成员　理解和关心团队成员,帮助其解决个人困难,是老板拉近与团队成员人际关系的最好时机和最佳手段,猪场老板应当学会运用。经常在一起的同事之间,会达成很高的默契程度。有时候,一个赞许的眼神或点头示意,一句话,就可能帮助别人坚定了信念,下定了决心,从而渡过难关。当然,需要具体行动和资金、物资等实物支持,自己又有能力时,千万不可吝啬。

6. 及时纠正错误　发现团队成员的原则性错误,猪场老板应当负责任地指出,并分析其错误所在,指出其危害,提出改进建议。此时一要注意选择合适的时间和场合同对方谈话。二要态度诚恳,尽量减轻对对方的精神压力,因为你毕竟是他(或她)的老板。三要注意避免指责,可以帮助其分析错误原因,指出其错误危害,提出明确的改正要求,但要避免指责。指责无助于错误的改正,只会增加对立情绪。

日常接触中,尽可能多谈同养猪事业发展有关的话题,可作为猪场老板的座右铭。同事业发展无关的争论越少越好,因为这种争论不仅浪费时间,耗费精力,有时还可能伤害同事之间的感情。

7. 讲话四注意　不讲不利于团结的话,不讲不利于事业发展的话,不讲粗话、脏话和狠话,不讲低级趣味的话,应作为老板和团队成员加强自我修养的一项内容。

好企业的要素很多,包括一流的生产设备、良好的工作环境、融洽的人际关系。但是最为核心的是良好的人际关系。良好人际关系的一个重要标志是员工心情舒畅。对于企业领导人和管理者来说,尊重员工的个人人格是比高薪更重要的投入。管理的最高境界是什么? 是被管理者感觉不到被管理,是春风一样的温暖,春雨一样的滋润。醉心的名词是"亲情管理",洋气一点叫作"人性化管理",其根本的东西还是"长怀仁爱之心、常存感恩之念",是"关心人,爱护人,帮助人",是全体员工的互相关心、互相爱护、互相团结、互相帮助。

老板和场长都应该鼓励员工摆脱依赖思想。领导者的任务不在于知道得比员工多或每一个问题都有现成的答案。领导者的能力在于激励每个人讲出自己的想法,发挥自己的才能。在放手工作的同时,允许出现差错。没有错误事物就不能进步,多少伟大的发明源于错误或误差。领导者应该建立一个包容错误的环境,为了提高生产效率所进行的创新研究中犯的错误,不应该被惩罚,更不允许打上烙印。

8. 宽容是美德　对年轻人的宽容、对员工的宽容,是管理者素质的一种要求和体现,也是对其素养检验的一个标志。允许年轻人犯错误,发现错误后及时指出,提出改进意见和方案,甚至创造条件帮助其改正错误,过去是思想工作者的责任,现在是老板和企业领导人的责任,也是一个长者或朋友的责任。对于一个有事业心的老板或企业管理者,这是必需的基本素质,或者说是检验管理者事业心的标尺。

在日常的教育中,将宽容教育作为一项内容,是管理企业的一个基本手段。自己会宽容,教育职工学会宽容,不仅是企业内部员工相处融洽、相互团结的必要条件,也是员工搞好家庭生活的基本条件。家庭和睦、生活美满,员工工作起来心无旁骛,是集中精力搞好本职工作的先决条件。

后蓝耳病时代快乐养猪

第二节

猪场老板和日常生产管理

维持猪场正常生产的工作大体上包括饲料原料的采购、加工、原料和成品的储存、分发，种猪和后备猪群的调整、选择、饲养管理，繁殖猪群的配种、选择和饲养管理，商品猪群的饲养管理和销售，供水、供电、伙食管理、"三废"处理等后勤工作，以及定岗定责、考勤查岗、评比检查、工资和奖金福利的发放、劳动保护和工伤评定等行政管理事务。具体到各个饲养车间，日常饲养管理包括开灯关灯、开窗关窗、添料、加水、清粪、巡视、接生、打疫苗、打扫卫生、给药、记录等琐碎的具体工作。任何一个环节的失误，或操作的不规范、不到位，都可能酿成事故，或成为事故隐患。所以，要建立日常工作日程，保证各个生产岗位在规定的时间内完成规定的工作。要有监督机制，有人在规定的时间内检查、督促规定事项的落实情况。要有激励竞赛机制，激励员工认真负责地完成岗位工作。所以，养猪人总结出了经验：小猪场的成败在于管猪，大猪场的成败在于管人。

一、开明老板注重精明强干的员工队伍

稍微用点心的人都明白，规模养猪是许多人参与的社会化生产活动,社会化生产的纽带就是利益关系,就是社会财富的分配机制。所以,规模饲养猪场日常管理的表象是各个岗位生产活动的组织,核心是老板、管理层、一线工人的利益分配关系的处理。

(一)发现和选择工人利益的代言人　利益追求和纠纷是人类的本能,伴随社会化大生产出现,这种本能得以放大,成为参与社会活动的人类的普遍行为。

要平衡双方的收益,寻找共同点,必须了解工人的想法。

怎样了解工人的想法,需要寻找有影响力、能够代表工人利益的代表,或者说是工人利益的代言人。

哪些人能够充当工人利益的代言人? 一是要有威信,在工人中有威望,有影响力,有号召力。二是要有一定的文化水平和语言表达能力,避免沟通时表达不准确。三是敢于担当,敢于发言,敢于表达自己的主张。当然,在不能同时满足上述三个条件的情况下,也可以是多个人来满足,但是人数不可过多,2~3 人即可,最多不超过 5 个人。人数过多时,沟通中容易偏离或脱离讨论主题。

及时发现和寻找工人利益的代言人,是老板长期的经常性的工作。因为员工有流动性,处在不断更新的过程之中。当一批新工人进场后,老板要通过审阅档案、座谈会、视察工作,去了解员工、发现人才。其中的一个重要内容就是发现那些能够影响人、团结人的有号召力的领袖型工人,工人利益的代言人就隐藏在这些人中间。

一个最简单的方法是评模范。因为在评模范中有一种常见的现象,就是某一个或某一类人,工作业绩并不突出,也没有突出的优点,甚至没有工作积极性和主动性,就那么四平八稳,不显山,不露水,但在年终评选先进时,得票却很多。对这种人,老板不可疏忽大意、掉以轻心。因为这种人是最有亲和力、号召力的人,很可能成为工人利益的代言人。了解、亲近、掌握和用好这种人,产生的效应甚至超过发奖金。反之,则可能成为难以驾驭的小团体,带来负面效应。

(二)化解利益矛盾的基本方法　解决老板同工人之间利益矛盾和利益纠纷,是老板不可回避的工作。能否恰当处理的根本,在于老板是否有平常心,能否正确理解事业心和平常心的关系。干成一项事业仅有信心和热情还不够，单打独斗不行，还要有一群人和你同舟共济，共同奋斗，这是社会化大生产背景下办好猪场的前提。所以，要想方设法感化人，聚拢人，团结人，将你的想法变成群体的想法，将你的意志化作企业的动力，运用大家的才智，撬动社会资源，形成企业不断发展的合力。

当你摆正了事业心和平常心的关系，就能够想出许多办法去调动全体员工的积极性，就会换位思考，设身处地地考虑员工的需求和困难。处理利益矛盾时，才能从企业的整体利益、长远利益出发，主动抓大放小，抓关键矛盾、关键环节、关键事、关键人。不在蝇头小利上同工人纠缠。理顺了基本利益关系，就从根本上化解了企业老板同员工的矛盾，其他许多矛盾也就迎刃而解。现实中，理顺了基本利益关系的企业，老板有威望，管理层积极主动工作，员工心情舒畅，有热情、有干劲，很少发生利益纠纷。

化解利益矛盾的最基本方法是开诚布公，坦诚相见，将企业的经营收益、经营成本、生产成本、管理成本等有关收益、支出情况，以及本地区同类型猪场相应档次工人的工资水平，如实告诉工人代表或工人领袖，通过讨论协商，同工人达成共识。常用的手段是定期通报经营情况，根据社会物价上涨指数和企业收益升降幅度，定期调整浮动工资或奖金。

（三）重视员工队伍建设　懂行的人都知道，猪场要远离人口稠密区，处于相对封闭的地理位置。加上现阶段"三废"治理的水平，一线工人不仅承担相当的体力劳动量，还要承受相对封闭、不很优美的环境压力，克服简单劳动的厌倦感和孤独感，加上"绩效挂钩"的薪酬机制对工人的岗位压力，并不是什么人都会到猪场当饲养工人，也不是什么人都能当好饲养工人。能否招到工人，找到理想的工人，拢住工人，组建一支精明能干的饲养员队伍，是猪场平稳生产和持续发展的基础。然而，组建一支精明能干的饲养员队伍，不仅需要一定的时间，也需要开明的老板。

直白地讲，一个好猪场，依赖一支精明能干的饲养工人队伍。员工队伍是否精明能干，既取决于猪场管理层的管理水平，更取决于猪场老板是否是个明白人，取决于老板的开明程度，取决于老板的道德水准和人格魅力。因为总体分配方案和分配机制决定权在老板。

办好猪场需要一支相对稳定的高素质员工队伍，而高素质员工队伍的建设离不开合理的分配机制。目前，许多猪场之所以管理上不去，在于没有稳定的员工队伍,或者说没有稳定的骨干员工队伍。造成这种局面的表面原因是分配机制不科学,对员工利益照顾不够,深层次原因是老板自身对人生价值、人生追求的感悟不透,没有换位思考。只知道员工的工薪报酬同相邻猪场比较不算低,并不知道养猪行业内的老板存在共同的思维短路:没有意识到猪场处在偏远地带,相对封闭的环境,客观上限制了员工的人身自由。换句话说,员工在猪场不仅付出体力或智力劳动,还有劳动期间自由的付出。举个简单的例子,大学生到了猪场,整天同光棍汉打交道,同猪打交道,几个月见不到一个大姑娘,找对象就是一个大问题。同处于繁华地段的职工相比,猪场员工的工薪报酬应该更高。这才是当前猪场招工难,招到好员工难,无法建立相对稳定员工队伍的关键。

所以,开明老板应注重员工队伍建设。

开明体现在哪里?体现在舍得在员工队伍建设方面投入。

"舍得"一词的真谛是什么?是有"舍"才有"得",先"舍"而后"得",不"舍"则不"得"。

后蓝耳病时代快乐养猪

二、"明白"老板注重公平

办猪场是商品经济时代的经营活动,是社会化生产的一种组织方式。老板要赚钱,工人要付出体力劳动挣钱,场长(经理)和技术员要付出智力劳动挣钱。社会用养猪这种形式、挣钱这个目的把大家聚拢到了一起。挣到钱以后的分配若不公平,或者感觉收获与付出的劳动不匹配,就会有不满情绪,就会降低劳动的积极性和主动性,劳动效率就会降低。

猪场日常管理追求的是什么?是最大限度地调动人的工作积极性,充分发挥人的主观能动性,为企业稳定生产、正常生产、持续发展献计献策、提供动力。在此,调动员工积极性、主动性,甚至创造性,需要老板付出,拿出真金白银,老板舍不舍得拿、能不能拿出,成为能否达到管理目的的关键。所以,本书多次讲老板要做明白人,要做有道德的人。多次强调老板的高度,决定着企业发展的水平。反复强调猪场老板观念的现代化,是中国养猪现代化的前提条件和决定因素。

猪场老板要做明白人,讲的是社会主义市场经济条件下的养猪,是一种社会劳动的组织形式,你做老板,他做饲养员,大家无非是社会分工的差别,不要以为自己是老板就高人一头,就应该无偿占有别人的劳动和财富。事业是大家共同做的,成果就应该大家共同分享。作为老板,你通过出资分红已经拿到了应该的收获,在制定工资分配方案时,就不该抬高你所兼任的管理岗位的职务工资。当你兼任岗位的职务工资同那些没有股份的管理人员的工资没有差距或者差距一样时,非股份持有者的管理层人员就不会有"单纯打工"思想,相互之间就不会有距离感,就容易沟通,容易产生共鸣,容易达成一致。

如果要用一段文字表述老板观念的现代化,应该是这样:现代化的企业需要现代化的管理,现代化的管理需要高素质的管理人才和高素质的员工队伍,高素质的管理人才和员工队伍需要相对高的薪酬。不明白或者不承认这一点,做不到这一点,建立现代养猪企业,就只能是口号和空谈。

三、同舟共济的老板是有道之人

猪场老板要做有道德的人,指的是后蓝耳病时代的养猪,面临众多的容易变异的病毒威胁,即使运用现代科技和工业技术及产品装备了养猪业,提供了适于猪生存的小环境,发挥了猪的生物学特性,极大地提高了猪的非特异性免疫力,然而以病毒为主导的混合感染仍然是猪群健康生长的天敌,控制猪群疫病仍然是一项长期的艰难工作,稍有不慎,某一个细小环节的闪失,就可能带来毁灭性的损失。也可以说,后蓝耳病时代养猪的过程,是一种同舟共济的奋斗过程。要做到同舟共济、共同担当、共渡难关,就需要团队成员的高尚道德,尤其是需要道德高尚的团队首领。显然,老板作为猪场的团队首领,若做不到"苟富贵,勿相忘",将共同奋斗的成果据为己有,就会很快丧失首领的地位,也就无法带领猪场平稳生产,更谈不上稳定发展。

强调猪场老板是"有道之人"的原因,在于猪场老板要按照猪场经营的基本道理行事,遵循猪场经营的基本规律。就是识人、辨人、知人、用人。而那些"无道"的老板经常想的是"管人"。这是猪场经营成败的关键所在,或者说是老板水平高低的分水岭,优劣老板的试金石。

识人就要分析、辨识,因为你是老板,识人的目的是发现人才,选拔人才。不是像开茶馆的阿庆嫂唱的"铜壶煮三江……过后不思量"。辨识人需要时间,需要过程,更需要老板自己的辨识能力,"千里马常在"而"伯乐不在"讲的就是这个道理。人性中的"贪婪""占有"等劣性人人都有,只是要观察、了解对方是否理智，能否自我控制，或者说观察、了解、判断其是否"善良、仁慈、诚实"。不论是选拔管理层，还是普通员工，这一条应该是最基本的。因为那些"贪婪、占有欲"极强的人，其欲望永远得不到满足，看到"财富"走不动，非据为己有不甘心，即使作为普通员工，也是"事儿妈"，是非不断；若走上管理岗位，有可能把你的企业掏空。有的人善于伪装自己，不容易辨识，不要紧，可以通过观察他同哪些人交往来加以辨识，就像司马迁所讲，"不识其人视其友"。

　　"知人"的要求更高。所谓知人，是指两个人兴趣、爱好相近，志向一致、追求相同。青年人谈恋爱要先有"相识相知"，然后才是"想恋相爱"。同样，作为猪场老板，不一定要对每一个员工都达到"相知"的程度，但是对管理层成员，对关键岗位上的关键人，一定要做到"相识相知"。只有"相识相知"，才敢相信重用。

　　"用人"之区别在于"使用""善用""启用"和"利用"。如果你把下属作为工具，那就只有"使用"，没什么好讲，你是资本家，你把"人"当成资本了。你若把下属当作人，就要"善用"。善用的内涵包括"因人施用"和"因才施用"，有什么特长、多大能力，适合哪个岗位，就把其放在哪个岗位；包括培养人，让人才不断成长；包括关心人，给人才以足够的人文关怀和发展空间。还包括爱护人，诚心以待，关爱有加，在其困难的时候给以帮助，遇到挫折的时候给予鼓励，甚至在犯错误的时候给予改正错误的机会。这或许是"用人"的最高境界。

　　"启用"的一层意思是开启、使用，另一层意思是启发、使用。在猪场经营中，较多的是后一层含义，即启发使用；日常饲养管理中多是启发、启示。

　　"利用"一词最为常用，但多数人认可的是使用后有利，延伸到生活的各个方面，利用某种物体，利用某一时间，利用某一方法等，当然也包括利用某些人，某种人，某一人。笔者认为，在后蓝耳病时代的猪场经营管理中，在用人方面，应当扩展内涵为"利益驱动用人"。因为所处的时代是社会主义市场经济时代，公民在法律许可范围内都要追求个人利益，在岗位上做出贡献的员工应当受到奖励，在给予精神奖励的同时，给予适当的物质利益奖励，更有利于调动其工作积极性和主动性。

　　识人、辨人的目的，是为了发现人才，选拔人才，组建高素质的员工队伍。知人的目的是为了更好地"用人"，充分发挥员工的自身优势。无论是新建猪

后蓝耳病时代快乐养猪

场,还是接收别人的猪场,这项工作都必须老板亲自动手。当然,选定了关键人,搭建了管理班子,制定了招聘章程,后续的普通员工队伍建设,可以交由管理层。对普通员工的考察,可以放在猪场正常运行后的监督之中落实。

有"道"老板的高明之处,就在于知道人才的重要性,善于慧眼识珠,能够选准关键人,并且能够做到"用人不疑,疑人不用",放手让管理层大胆工作。

四、老板的高尚情操:忧国忧民

未来的中国,将是一个更加开放的国度,国外资本、技术、人才、装备,甚至猪肉都要进入中国市场。老板没有高度,如何认识和应对这种开放的局面?猪场老板要有高度,绝不是"打官腔,说套话"。未来中国养猪业发展的好坏,不仅仅关系到从业者的收入和社会地位,还关系到国家的主权安危和民族复兴大业。试想,如果中国养猪业不积极利用改革开放的有利机遇,吸纳国际资本和技术,尽快实现观念、装备和技术的升级换代,仍然停留在高成本、低质量、高污染的水平,国际市场廉价优质的猪肉势必大量涌入国内市场。当国外猪肉占据中国猪肉消费市场的主导地位时,难道不会对国家的主权构成威胁?当国民的菜篮子受制于国际资本时,国民的肉食安全还怎能得到有效保障?一个连饲料、肉食都需要仰人鼻息的民族,还奢谈什么自立于世界民族之林?猪场老板具有为国为民的意识,站在中华民族养猪业发展的高度思考问题,就能够面对国际国内资本竞争更加剧烈的严峻形势,做出正确决策,就不会在蝇头小利上计较,往饲养工人的饭碗里伸筷子。

只有猪场老板明白了这些道理,认识到养猪业在未来的重要地位,认识到办好猪场不仅仅是养家糊口的生存需要,更是一种社会责任,你就会摆正自己的位置,自觉做一个明白的人、高尚的人,自觉做一个有道德的人,一个有人格魅力的人;就能够组建一支精明强干、富有战斗力的员工队伍,实现猪场的长期稳定和不断发展。

第三节
快乐当老板

后蓝耳病时代快乐养猪

人生，有三样东西无法隐瞒：咳嗽、贫穷和爱，你想隐瞒却欲盖弥彰。

人生有三样东西不该挥霍：身体、金钱和爱，你若挥霍却得不偿失。

人有三样东西无法挽留：生命、时间和爱，你欲挽留却渐行渐远。

幸福在哪里？快乐在哪里？

伟人毛泽东青年时期说，与天奋斗，其乐无穷。与地奋斗，其乐无穷。与人奋斗，其乐无穷。青年毛泽东认为他的快乐在奋斗之中。

相声小品中有个段子说，在挤公共汽车时，别人没有上去，你挤上去了，是一种快乐；蹲马桶时大便不通，憋得脸红脖子粗，终于通了，排出了腌臜，便是快乐；忘了带手纸，别人及时递给你手纸，更是一种极大的快乐，这是一种满足生理需求、生存需求的快乐。

小说《林海雪原》的笔者曲波说，工作之余，在落日的余晖中，同你的夫人携手在林荫道上漫步，是一种幸福，一种快乐。

抗日战争、解放战争年代，有多少将士在炮火停息的间隙，点上一支香烟，甚至是一根"一头拧"、一袋旱烟，便是极大的快乐。他们憧憬的幸福快乐是什么，是战争结束以后回到乡间，娶妻生子，过上"三十亩地一头牛，老婆孩子热炕头"的生活，那便是最大的幸福和快乐。

......

不同的人，在不同的时期，不同的环境，有不同的幸福，不同的快乐。所以，政治家将其上升到人生观、世界观、幸福观的高度。

仔细观察，你会发现，世上的幸福和快乐可以归结为两类：一种是奋斗之中的快乐，一种是享受之中的快乐。笔者认为，人之所以为人，就在于人类有思维，会思考，进而理智。否则，人类就不会劳动，不会直立行走，不会稼穑，不会狩猎，不会钻木取火，也就没有现代文明人。人类社会的今天，是全人类共同劳动和智慧的积淀，人类社会的进步，是全人类劳动、智慧和创造的结晶。为了生存，人类必须劳动，为了活着，人们必须工作。为了活得更好，为了子孙后代的幸福，必须努力工作。正所谓"前人栽树，后人乘凉"。正是这种对幸福的追求，成为人类社会不断进步的动力。这才是人同动物的最大区别。人生一世，草生一秋，要想不虚度人生，就得给人类社会的进步做出点贡献。

作为一个企业家，一个猪场老板，你的幸福和快乐在哪里？

在你的猪场稳定生产和不断发展之中，在你的商品猪一批批出栏之时。

当你运用了一项新技术，降低了经营成本，或者提高了育成率，或者减轻了环境污染的时候，就是一种幸福和快乐。

当疫情到来时，由于你管理得当，别的猪场发生疫情，你的猪场没有发生，这就是值得庆幸的快乐。或者发生了疫情，很快被你组织扑灭，没有造成重大损失，同样是值得庆幸的事情，同样是一种幸福和快乐。

当市场猪价一路走高时，由于你决策正确，你的猪场有一批又一批商品猪相继出栏，那就是快乐。或者当市场猪价一路走低时，由于你判断准确，指挥得当，你的猪场提前整顿了繁殖母猪群，降低了商品猪出栏量，减少了亏损，同样是幸福和快乐。

......

一句话，快乐在你成功的经营和有效的管理过程之中，快乐在你为社会奉献产品之时。

若你是一个有更高层次追求的企业家,一个猪场老板,你的幸福和快乐更多。

当猪场工人按时领到工资的时候,以及员工领取奖金的时候,就是幸福和快乐。你为他人的生存和幸福做出了贡献,难道不是一件值得庆幸的快乐的事情?

当从你的猪场走出的员工成功领办新的猪场,或者在其他猪场独当一面的时候,就是极大的幸福和快乐。你为中国养猪事业的发展培养了人才,做出了贡献,难道不是一件有意义的事情? 难道不应该感到幸福和快乐?

当你捐资助学的学子学成毕业的时候,就是幸福和快乐,你为社会的进步和发展做出了奉献,难道不是一件值得庆幸的事情,又怎能不感到幸福和快乐呢?

……

在人类历史的长河中,我们每一个人都是小小的一分子。但是,每一个人都应当努力为这条长河注入活力。在人生的过程中,会有成功,也会有坎坷,更多的是平凡的生活。伟人之所以成为伟人,就在于成功时不陶醉,不忘乎所以,失败时不气馁,不灰心丧气。在平凡的岁月中不断学习、积累,不断在观察,寻找有利时机,准确捕捉出击机会。当机遇到来时,能够把握机遇,抓住机遇,从而使有限的人生释放出灿烂的光华。

许多人在迷茫之中呼唤,幸福在哪里? 快乐在哪里?

其实很简单,幸福和快乐就在你的心田里,就在于一种心态,一种境界,就在于你是否有一颗平常心,仁爱心。

珍惜人生,保重身体,广施仁爱,就会在平凡的岁月中,得到无尽的幸福和快乐。

附件1 运用生态学原理审视猪场经营管理

看到这个题目,会吓你一跳! 笔者的脑袋被驴踢了? 你同老板谈这个问题,有用吗?

笔者没有被驴踢,更没有被驴踢脑袋。笔者的脑袋很正常。

就是要同老板谈这个问题,因为,没有老板观念的转变,就没有猪场经营管理的思路创新,继续沿用原有的理念,只能是步履维艰,勉强维持。

为了说明这个问题,首先需要介绍几个概念。

一、生态学基本概念和原理

生物圈 从地球表面向上延伸 10 千米,是有空气的地方,有空气的地方,会有生物,可能是鸟类,也可能是细菌。同样,向下延伸,目前的科技水平已经探知水下 6 千米的深度还有生物存在,至于地表之下的天然洞穴和矿井,也只是几千米,在这些地方,除了矿工,水体中还有鱼类和浮游生物,空气中还有细菌。归纳起来,就是地表之上 10 千米和地下数千米、水下 6 千米之内,凡是有生物存在的地方,就叫作生物圈。

生态和生态学 在生物圈内,为了自身的生存和种群的繁衍,各种生物都在抢夺光、热、水和生存空间,包括杀死、吃掉别的生物以获取食物,这种现象为正常的生存状态,简称生态。生态学是研究生命活动的内在规律的一门学科,包括各种生物的行为、习性,以及它们之间的相互关系。当然,有广义的生态学,也有狭义的生态学。

食物链和生态位 在陆地生物圈内,植物在生长过程中,固定光、热和水分,形成的能量除了满足自身生长发育需要之外,生产出大量的叶、茎、花和果实,草食动物采食植物的叶、茎、花和果实,肉食动物以草食动物为食物。可见在自然界里,不同种类生物间存在着相互敌对、相互依存的关系,形成了相对稳定的生态平衡。在这个相对平衡的生态系统中,一种动物以另一种动物为食物,直至那些最无能的动物以植物为食物,这种"能量以食物为载体传递的过程"称为食物链。

研究发现,不同种类的以另一种生物为食物的生物之间存在着一定的数量关系。例如,一只兔子每天要吃掉 2 千克青草,一年下来,就需要 730 千克青草,荒漠草场每亩地每年只能产出 30～50 千克鲜草,按平均 40 千克计算,需要 180 多亩荒漠草场才能保证兔子的生存。同样,狼要吃兔子,每头狼每天吃掉 1 只兔子,一年至少要吃掉 365 只兔子。老虎、豹子、狮子等大型肉食动物又要吃狼,以老虎为例,若两天吃掉一头狼,一年下来,也要吃掉 180 多头狼。当把老虎、狼、兔子、荒漠草场从上往下排起来,就形成了宝塔状。在这个宝塔上,从上往下依次分布着不同等级的生物,上一等级的生物采食下一级(或更下级)的生物,其目的是为了获得能量,进而维持自身的生存和繁衍后代。遇到风调雨顺的年景,牧草旺盛,鼠类、兔子就多,鼠类和兔子多了,狐狸和狼也随之多了起来,狐、狼多了,老虎、豹子等大型肉食动物自然光顾得勤。反之亦然。学术研究中,将"一个种群在生态系统中,在时间空间上所占据的位置及其与相关种群之间的功能关系与作用"称为生态位。

专业的说法,高生态位生物以低生态位生物为食物的过程,完成了能量由低级向高级的传递,人们把高生态位生物以低生态位生物为食物,逐级传递能量的过程形象地称为食物链。同样道理,在江河湖海中,也存在"肉食性水生动物—草食性水生动物—水生植物—浮游生物"这样的食物链。

生态学的基本原理 如果眼界更开阔一些,把人类也放进去观察,你会发现,生态链很多。如存在"粮食作物—人类""粮食作物—猪、禽等精料型家畜—人类""林果—人类""蔬菜—人类""草地—牛、羊等草食家畜—人类""草地—草食性野生动物—人类""草地—牛、羊等草食家畜和草食性野生动物—人类""草地—牛、羊等草食家畜和野生动物、肉食性野生动物—人类""草地—草食性野生动物—肉食性野生动物—人类""草地—草食性野生动物—小型肉食性野生动物—大型肉食性野生动物—人类"等食物链。当然,在森林和海洋中,同样存在着数目众多的生物,以及种类繁多、关系复杂的食物链。数目繁多、错综复杂的食物链构成了生物同局部地区光、热、水、电、地理环境相互协调的生态系统。研究发现,在生态系统中,食物链越长,食物链中的生物种类越多,交叉越多,才越稳定。这是现代社会中人们极力维持生物多样性的根本原因。

当把微生物也纳入观察时,你会看到更复杂的情况。在"人类—大型肉食动物—中小型肉食动物—草食动物—植物"这个庞大的宝塔旁边,微生物又像阳光、空气一样,包围、作用着不同生态位上的所有生物。猎狗、狼可以猎杀鹿、兔子、羚羊和小牛,但是它们要躲避狮子、老虎、豹子等大型肉食动物,老了、病了、伤残了,跑得慢时,就成为大型肉食动物的食物。同样,大型肉食动物也要躲避人类,否则,就有可能成为人类的美餐。达尔文在研究生物学后的最大贡献是发现了进化论,明确告诉人们,物种进化的最基本方式是"不适者淘汰，适者生存"！

在生物圈内，处在食物链最顶端的人类，可以采食植物，食用草食动物，也有能力将不同生态位肉食动物捕获食用，但是，同植物、草食动物、肉食动物一样，也要受到微生物的攻击，并和植物、草食动物、肉食动物一样，屡屡败下阵来。截至目前，人类在同微生物的搏斗中，仍然胜少败多。

用生态学的眼光审视，微生物的广泛存在不全是坏事，甚至还要感谢微生物。试想，如果没有微生物，人类和大型肉食动物不会生病死亡，动物和植物死亡之后尸体也不会分解，今天的地球会是个什么样子。至少满世界堆积的树叶会使人类步履维艰。更不用说空气中的氮元素以蛋白质的形式被人类和大型肉食动物固定下来，从而改变了空气的组成，动物和人类能否生存都是问题。正是微生物的广泛存在，才使得动植物死亡之后，尸体得以分解，构成躯体的各种元素才得以返回大自然，形成了生物圈内"人类—动物—植物"这个大系统的协调、平衡。所以，研究生态学离不了微生物。

生态学有许多原理，基本原理包括生物多样性、物质循环再生、系统协调与平衡、整体性，以及生态系统学和生态工程学原理等。这些基本原理告诉人们，生物圈中各种生物的存在，都有其必然性、必要性，都是大自然长期选择的结果。同样，动物体的自身结构、功能、行为、习性的形成，也是大自然反复选择、动物体不断进化的结果。

二、用生态学原理审视养猪业

养猪业是干什么的？生产肥猪的。生产肥猪干什么？为社会提供猪肉等猪产品的。目的是什么？赢得利润。

想必你会说，这些问题嘛，不是傻子都知道！

问题在于你用生态学的原理去思考了吗？

养猪，在行业内是处在产业链条末端的产业，也叫基础产业。基础产业是微利行业，那又如何赢得丰厚利润呢？只有以数量取胜。但是，办大型猪场不是谁都能办成的，更不用说目前全社会存栏基数很大，扩大规模困难重重，大型猪场的"三废处理"投资太高等问题。

想必你也听到过"养猪一年，不如杀猪一天。杀猪一天，不如开饭馆一餐"这句话。说的是小规模饲养,一头猪养了一年,卖猪后除去成本,也就是挣那么百八十元,不如人家杀猪的一天收入多。人家每天杀一头猪,就按每头猪只挣一副下水(内脏)、猪头、四只蹄子外加一条猪尾巴,也能卖个百八十元,抵得上养猪一年的收入。开饭馆的呢,每桌菜二三百元,按对半利,也有一百五六十元的收入,每天七八桌下来,比杀猪的收入多得多。

那么,问题提出来了。既然没有可能扩大规模,也知道收猪卖猪、杀猪、开饭馆收入高,为什么不在办好现有小规模猪场的同时,拿出一部分资金、精力从事收购运销,或者联合兴办屠宰企业,或者独立开饭馆呢?这叫作开阔眼界,寻找更高的生态位。

不会收购、运销,屠宰加工企业办不成,饭馆没有好位置……这些都不行,还有没有出路? 同样有,只要你用生态学的原理去思考,就会有办法。

后蓝耳病时代快乐养猪

例如猪血,一头猪的血,最好的利用办法是自家食用,十头八头猪的血,加工成熟猪血送到市场上作为食品销售。当有了三百头或三千头猪的鲜血,你还是只知道加工成食品销售,那只能说明你头脑僵化,不思进取。若你用生态学的理念去思考,海豹为什么不去追逐一条黄鱼,因为数量太少,数条海豹将一群黄鱼圈成一团,就有了捕获价值。几十千克猪血没有开发生物产品的价值,成千上万千克的猪血,你还不进行深度开发? 一边经营你的小型猪场,一边组织大专院校或科研单位的专家,进行猪血的深度开发研究,然后用技术成果同其他企业合作,你不就登上新的高度了吗? 这叫作向生产的深度和广度进军。同样,猪的内脏还有许多文章可做,譬如猪的胰脏、淋巴结、脑垂体、睾丸、卵巢等,在批量生产的屠宰企业,都可以进行深度开发。即使在养猪企业内,猪粪的产量高了,为什么不组织猪粪产品的开发? 譬如,以猪粪为主料的营养钵可以用来育苗、养花、种菜,做成粪砖可以长距离运送,对西部荒漠地区的草场建设、防护林建设、林地建设,都可起到巨大的支持作用。

生态系统中,食物链越长,食物链中的生物种类越多,交叉越多,才越稳定。同样,在养猪行业,产业链越长,同其他行业的交叉越多,行业的发展同社会经济才有更紧密的联系,更稳定的结构,更高的效益。

三、用生态学原理审视猪群管理

猪群管理的目的是什么？是让猪吃好、喝好、睡好，不生病、快点长。

日常饲养管理的核心是什么？是最大地提供猪生长发育的环境条件。

你是怎么做的呢？你以为用水泥地面和钢管隔离把猪圈起来，给猪喝上水、吃上配合饲料就行了，就该快速生长了？不是，你只是给猪提供了营养丰富的饲料，距离良好的生长发育环境远得很。

行为学研究表明，初生仔猪需要33～35℃的环境，经过3周左右才可逐步过渡到24℃；断奶前后的小猪，需要跟随母猪适应外部环境，适应中的奔跑、跳跃，是完善肺功能、增强肺活量的必需项目；断奶后的小猪，除了奔跑、跳跃，掘地是强化颈、面部肌肉功能，增强头面部正常的血液循环和吞咽功能的必需项目。猪还需要清新的空气，洁净的饮水，温暖的生活环境，这些，你都做到了吗？没有做到，猪怎么能够快速生长、不生病？

再如饲料，你以为用玉米、饼粕和麸皮，再加上浓缩料的日粮，就是最好的日粮了？不是，行为学研究表明，猪的日粮中必须含有足够的粗纤维，以满足刺激胃肠道蠕动排空的需要。"猪屎里有糠"是经历漫长的进化筛选出来的基本性能，如今你为了让猪长得快，提高料重比，日粮粗纤维越来越少，猪不便秘那才是不正常。极端的例子是发生猪瘟。猪瘟是什么？是猪的结肠癌，那还能活吗？如果日粮中有足够的粗纤维，猪能够及时顺利地排空肠道内容物，肠道内不具备病原微生物的生存条件，肠道就不会溃疡。同样道理，你不去解决产房和保育舍温度低的问题，只想着接种流行性腹泻疫苗省时、省力，小猪拉稀的问题就会一直困扰着你的猪群。猪舍内空气污浊，粪臭味和氨气味呛鼻刺眼，舍内空气中布满了附着有支原体的尘埃，不去想办法解决猪舍通风换气问题，只是想着用药物去杀灭进入猪体内支原体挺省事，抗支原体药物换了一种又一种，甚至运用升级换代产品(最早的土霉素，后来的四环素、氯霉素，再后来的多西环素、氟苯尼考、替米考星)，不是也没有解决猪群咳嗽的问题吗？

母猪群为什么生产效率低？是母猪生的猪仔少吗？不是，每胎产仔10～12头，已经不少了，甚至15～16头，能说母猪不卖力？

问题在于有的母猪连续几个发情周期都没有配上,有的母猪产仔不少,断奶存活太少,并且大小不一,强弱不匀,那些弱仔在育肥中又成为疫病的突破口。

为什么有的母猪会屡配不孕?为什么仔猪育成率如此低下?为什么育肥猪疫病频发?究其原因,都同不了解猪的行为学特性和生物学习性有关。不转变观念,饲养管理中不去从满足猪的行为学特性和生物学习性方面努力,给猪创造合适的生存生活环境,培养猪自身的非特异性免疫力,而是想着省时省力、减少投资、降低基础设施成本,这个思路不转变,这些问题就难以从根本上得到解决,猪群就摆脱不了疫病缠身、疫情频繁发生的困境。

四、用生态学原理审视猪场经营

养猪人都明白,猪价有起落,行市有高低,只要坚持几年不发生大的疫情,养猪赔不了,猪还是能养的。那么,如何经营才能保证猪场持续稳定生产?

生态学研究成果表明:生态系统中,决定局部地区生态环境稳定的因素很多,但总有几个因素是决定因素。如草地生态系统中,决定的因素就是风调雨顺。降水足够、适时,植物才能快速生长,固定太阳光带来的热量;及时的轻风细雨,能够降低空气中的尘埃和病原微生物密度,草食动物、肉食动物才能够有充足的食物生长繁殖,系统就会保持相对稳定。那么,在经营猪场这个特定环境中,哪些因素是决定因素,怎样做,或者说如何经营才是正确的呢?

用生态学的原理审视猪场时会发现,品种、饲料、饲养人员三个因素是决定因素。此时,猪就像草地生态系统中的植物,饲料和兽药等投入品对于猪群,如同植物之于阳光、水分和肥料,而饲养人员对于猪群,就像植物之于风雨,有没有云彩,有没有雨水,雨水的多少,是否及时,全在于风。

（一）猪场经营始于后备母猪群的建立和繁殖母猪群的整顿 对于猪场老板,"母猪就是摇钱树"! 母猪不仅是指繁殖母猪,也包括后备母猪。繁殖猪群质量的高低,既要看品种、纯度,也要看年龄结构和生产性能。一个品种和年龄结构单一的猪场,根据市场行情走势调整猪群,对于

后蓝耳病时代快乐养猪

经营者来说,只能是镜中月,水中花,看看而已。

当前,繁殖母猪群存在的问题很多,共性的问题有三个。一是品种雷同。突出的表现是数个省均为杜长大三元杂交模式。其危害可以通过回忆 2006~2007 年在我国东部 22 省、市、区暴发流行的高致病性蓝耳病予以验证。二是年龄结构单一。规模较小猪场的数百头繁殖母猪群年龄整齐划一。三是没有选择差。许多生产性能低下(包括每胎产仔数量过多过少、泌乳性能差、母性差、存在有害基因、体质虚弱、多病、免疫麻痹和免疫抑制)的劣质母猪,仍在繁殖母猪群中饲喂。

突出的问题也有三个。一是早配。二是日粮营养控制不当。三是追求过高的繁殖指标。第一个问题主要见于中小型猪场和专业户猪群,仔猪行情上扬时也发生于大型猪场。第二个问题有两种表现形式,一是妊娠后期过早使用高营养浓度日粮,导致母猪难产、过于肥胖,直接降低准胎率和终生繁殖力;二是哺乳期日粮营养水平不合理(过高过低同时存在),营养过剩带来的断奶肥胖,同样不利于准胎率的提升,营养不足则直接导致泌乳力下降,断奶仔猪体重低和发育不均匀最为常见。第三个问题属于派生问题,由于繁殖母猪群整体生产性能低下,管理者只有通过对优秀个体的过度使用(缩短配种间隔期、延长优秀母猪的使用期、追求过高的每胎产仔数和断奶重等),弥补群体生产性能低下的损失。

上述六个问题,若有三个以不同组合形式出现于某一猪场时,猪场的持续稳定生产就难以维持。不幸的是,相当多猪场存在三或四个。部分猪场甚至一个都未拉下。这正是许多猪场动辄发生疫情,甚至很快垮掉的主要原因。

所以,用生态学原理审视母猪群之后会发现,对于大多数猪场,经营的前提是从组建后备母猪群着手,从制定繁殖母猪群选择指标、整顿繁殖母猪群着手。

(二)饲料经营中最关键的是玉米采购时机和采购地点的选择　猪场经营中最能够,也是最容易发挥作用的是饲料经营。当然,饲料原料的质量控制是采购人员的职责,但采购的时机、地点、数量、价格设定和最终拍板,都在经营者的掌握之中。

生产成本中,饲料成本要占到 70%~75%,所以,在保证猪群营养的前提下,降低饲料成本是成本控制的基本措施,而经营者运用生态学知识在合适的时机出手,到合适的地点采购到合格的原料,是降低成本的第一项措施。

道理很简单,饲料的主要成分是玉米,而玉米在收获季节会赶上雨季,收购到霉变玉米对养猪业的危害人所共知,轻则导致猪内分泌机能紊乱、假发情、瘸腿、拉稀、肝功能异常,重则导致免疫麻痹或免疫抑制。所以,采购到未霉变玉米,是保证日常饲养管理正常的基础,是所有管理措施中的重中之重。那么,如何才能够保证收购到合格的玉米,是经营者必须考虑、亲自过问的工作。此时,有一点气象学和生态学知识显得尤为必要。如厄尔尼诺后的降水不均匀、暖冬,或导致长江中下游地区和三江平原会有连绵秋雨。微生态学中的一个规律,微生物建群种的形成,依赖于合适的温度、湿度、营养等环境条件。这种大的气象条件同微生态学规律组合在一起,就成为最适于霉菌的生长繁殖及快速增殖的有利条件,导致玉米在田间未收获时就已经霉变。再如运用平衡协调理论研究植物生态发现,玉米缨粉可以抑制霉菌。有了这些知识,掌握了这些规律,就可以采取措施予以规避:①避开这些地区收购。②尽可能使用进口玉米。③雨季前收购早熟玉米。④在雨季前高价收购上年度剩余玉米。⑤无法避开时收购带有玉米缨的玉米。这样做,会比你购进霉变玉米后导致猪群发病合算得多。当然,你也可以提前低价购买脱霉剂和治疗霉菌中毒的药品。

至于利用手头多余资金,在好年景低价位时大量收购囤积玉米,同样是降低成本的措施。但那是正常的经营活动,与生态学知识关系不大。

(三)调动员工的工作主动性、积极性、创造性是经营的重头戏　猪场经营活动概括得最好的一句话是:大场在于用人,小场在于管猪。猪场经营活动事务琐碎繁杂,其核心在于调动员工的工作主动性、积极性和创造性,这是经营者的重头戏。

1. 企业文化道德建设——创造干事环境　在猪场,员工年龄、性别、文化教育程度、籍贯、家庭出身、性格、习惯、兴趣爱好存在差异是难以改变的客观事实,如何把文化水平高低不一、性格习惯各具特色、兴趣爱好各不相同的员工注意力,集中到养猪生产上,使其心往一处想,劲往一处使,是猪场老板必须考虑并认真做好的工作。

生态学研究表明,无论是在一个生态系统中,还是在一个具体的微生态环境,适宜的环境条件,是建群种形成的前提。同样,在猪场这个小社会,也需要创造一个有利于干事创业的小环境、小氛围。否则,员工各怀心事,就无法形成合力,就是一盘散沙。

怎样创造干事创业的小环境?要靠企业文化道德建设,企业文化道德建设,就是沙砾中的凝固剂。就像微生态环境中的温度、水分和营养,促进建群种快速生长一样。

企业文化道德建设的形式多种多样,内容也不尽相同。但是,遵纪守法、爱岗敬业、诚信、文明、担当、宽容、仁爱、互助,这些共性的内容不可缺少。

通过企业文化道德建设告诉员工:老板想干什么,希望大家怎么做,哪些事能做,哪些事不能做,干好了会怎么样,干不好又会怎么样。

可惜的是,许多中小型猪场的老板,对这个问题缺乏足够的认识,没有认真地思考,更缺少系统的经营思路和具体的管理办法。多数人采用言传身教带徒弟的办法,总以为自己作为老板,都已经身先士卒实地操作了,饲养员跟着看也该看会了。一部分老板则是"大撒手",全部交给场长、经理去打点,自己什么都不过问,心思全在喝酒、打牌、洗脚房。这两种极端的做法,都给自己的猪场带来了不可弥补的损失。

2. 建立激励机制——引导员工前进　看过 CCTV 科技频道的《动物世界》吧,非洲草原的野牛、斑羚、斑马、羚羊等草食动物,在马拉大草原上优哉游哉地采食是多么惬意,然而,随着干热旱季的到来,它们必须迁徙。当它们长途跋涉要经过马拉河时,河中饥饿的鳄鱼在等待着它们,但是,尽管有被河水冲走的危险,有被鳄鱼吃掉的风险,它们还是奋不顾身地跳下河岸游向彼岸,为什么?因为对岸有鲜嫩的牧草在等待着它们,召唤它们,游过去,就有生存的希望。正是这种对新草地的向往,对生命的追求,形成了它们奋不顾身横渡马拉河的原始动力。

在一个猪场,老板的意向,要通过企业的经营活动表达。企业贯彻执行老板的指令,仅靠行政命令不行,同样需要一整套制度、规程,需要一整套激励机制,让员工看到希望,知道怎样工作,明白努力工作的好处。这些林林总总的规章制度和技术规程、操作规程，就构成了企业的激励机制。

不同岗位、不同工种的各种激励机制，都要紧扣企业文化道德建设这条主线。否则，就难以形成合力。

3. 合理的薪酬——优秀员工队伍的基本营养　动物行为学研究表明，处在较高生态位的动物在猎捕生态位较低动物时，选择容易捕获的对象是一种天赋的本能。如：草原上的狼群，在遇到小鹿、野牛、兔子时，会首先选择猎捕兔子，因为猎捕兔子最容易，风险也最小，而捕获野牛和鹿的难度和风险要大得多。作为智慧生物的人类，同样具有这种本能。猪场老板期望企业稳定发展，就必须建立一支优秀的员工队伍，起码要建设一支骨干员工队伍。那么，你就必须给员工足够的薪酬，并且设立一套同企业文化道德相匹配的奖励机制，让你企业的员工认识到在这里干，挣钱相对容易，风险较小，或者收益高。

当你猪场的员工平均工资，没有高于当地养殖企业平均工资的20%时，你猪场员工队伍的整体素质不会很高。

若你猪场员工的平均工资，没有达到当地养殖企业的平均工资，你的员工队伍就会出现"走马灯"的现象，一直稳定不下来。

若你的猪场员工的平均工资，处于当地养殖企业工资的平均线之下，就必然会出现"出工不出力、在岗不负责"的"磨洋工"现象，仔猪育成率低下、疫病频发属于正常现象。

因为，你使用的是最廉价的低质量劳动力，这样的员工队伍，根本就没有执行力。所以，各项规章制度和岗位职责形同虚设，无论多么先进的管理体系和科学技术，其实际功效在此都会大打折扣。

4. 数量指标体系——公平竞争的基本条件　行为学研究表明，关心爱护下一代、讲究公平，也是动物的一种本能。例如，母狼在外出狩猎吃饱后，就立即返回照顾狼崽。母狼会公平地分配给所有小狼。到最后才会给仍然在嗷嗷待哺的未吃饱的狼崽吃偏食。再如，秃鹫在哺喂刚出壳的幼雏时，同样是平均分配，待同窝的所有幼雏都喂过后，才给发育快的幼雏吃偏食。同样，作为智慧生物的人类，对于公平的追求，也是一种天赋的自然本性。

后蓝耳病时代快乐养猪

要提升猪场的管理水平,构建数量指标体系是一条有效途径。尽最大努力将猪场所有岗位的工作任务和质量标准,转换成指标数字,什么样算完成,什么样是优秀,让所有岗位工作人员一目了然。这种全覆盖和尽可能细致准确的数量指标,构成了企业的数量指标体系。这不仅会有效降低管理工作的难度,更重要的是将日常管理透明化、制度化,有利于形成公平竞争的环境,能够最大限度地调动员工的工作主动性、积极性和创造性。

附件2 20种最常见的猪场垮台原因

回顾中国规模养猪30年经历,人们可以清晰地看到,中小型规模猪场是中国规模养猪的中坚力量,只有他们才是实实在在地在养猪。不同的年度看中小型猪场,十个猪场中三四个略有盈余,两三个稍有亏损,一两个挣了大钱,一两个亏得没法继续。所以,年年有上马的,年年也有转产、不干的。这才是中国规模养猪的真实写照,才是市场经济的真实表达。用老百姓的话,"谁吃饱了没事干,去干那些赔钱赚吆喝的傻事?"汇总猪场垮台现象,分析企业倒闭原因,归纳出共性的规律,会给正在经营的猪场老板和新上马的老板一些启发。

一、根基不牢靠

经营业绩并不差的猪场垮台的原因很多,最常见的是猪场根基不牢,原本就没有合同章程,创办猪场就是哥几个的一时冲动,未挣到钱时同舟共济,赚到了几个钱就开始大秤分金银,兄弟排座次,闹得不愉快,最后是兄弟间剑拔弩张、反目成仇,接着就是梁山英雄,烟飞云散。

二、关系大如天

社会关系也是生产力,这话一点不假。办猪场没有一定的社会关系还真办不成。但是,关系不是万能的。作为老板,自己什么事都不想操心,什么事都不懂,把一切都寄托在熟人关系上面,把关系当作解决所有问题的灵丹妙药。岂不知熟人都有自己的事业,不可能时时刻刻为你服务。最终吃亏的还是猪场老板自己。

三、迷信盛行

猪场经营管理靠科学技术，迷信解决不了你的问题。然而，一些老板在遇到困难时不是想办法解决问题，而是迷信土地爷、老天爷，求神拜佛，结果大仙也帮不了你的忙。另有一种迷信是对专家学者的崇拜迷信。要知道，专家学者也是人，也是各有所长，并不是百变金刚，什么问题都能给你解决。遇到问题时应该请教专家，但前提是你得明白你所聘请的专家的特长。否则，文不对题地瞎指挥，于事无补。

四、一味求新

新技术、新产品、新装备，都是科技进步的结晶，运用到生产之中肯定会有明显的效益。但是应明白，任何技术的运用都要求一定的基础条件。如果不具备使用新技术、新产品、新设备的基本条件，引进后除了浪费金钱，就是一种摆设，对于生产实际没有什么实际帮助。这种所谓的"新""洋""高端"，在别的场会带来经济效益，在你的场内不出效益的原因，是同你的生产实际脱节。这一点，在疫苗选择中最为突出。

五、支柱亲信化

靠亲信控制人的猪场组织形式，是中国农民起义打江山的老传统，而不是靠机制激励人、制度引导人、规程规范人。在信任危机泛滥的商品经济社会，这种以情感为维系纽带的管理模式，是所有中小型猪场扩大规模的瓶颈。过不了这一关，老板放不开视野，吸纳不了优秀人才，尤其是管理人才，虽然猪场繁殖母猪存栏数上去了，但是育成率并不高，效益提升不明显。

六、面子大于真理

老板没有摆正自己的位置，总以为自己是老板，就应该"句句是真理"。"就这样定了，谁不服谁下课，谁不执行谁滚蛋！"成为口头禅。忘记了"三个臭皮匠，赛过诸葛亮"，不知道遇到大事相互商量，没有建立群

后蓝耳病时代快乐养猪

策群力的意识，更没有集体讨论、集体决策的机制。最终结果是决策失误，殃及猪场。

七、知人而不自知

看别人头头是道，看自己昏头昏脑。从来就没有弄明白这批猪养成的真正原因，更没有弄明白这场病是如何治好的，至于这一年赚到钱的根本所在，压根就没有想过。糊糊涂涂成功，稀里糊涂赚钱。所以，也就没有明晰的战略规划，需要坚持什么，应该改进什么，如何才能创新，如何成功固守，这些关乎猪场能否持续稳定发展的问题，从来就不曾考虑。

"跟着感觉走，走到天尽头，老板和猪场，一起摔跟头"。

八、习惯性信用缺失

说话不算数，承诺不算数，合同不算数，这些中国商人群落的陋习全部承袭。对内计划跟不上变化，规则、规程头一天立、第二天改、第三天再改，朝令夕改，三天两变，部下无所适从。对外，承诺不作数，合同若废纸，干什么事都是功利至上，视情况应付涂抹，购买时一味砍价，销售时要么跟风涨价，要么打折贱卖、恶意降价，随心所欲，根本没有一点契约意识。

九、匪文化心态

猪场老板如同山大王，生长于青萍之末，闯荡于江湖之野，走的是匪文化路线。关上猪场大门，老子天下第一；走出猪场办事时，无方向，无主见，碰壁拐弯，见缝就钻。一心想当江湖豪杰，只图人生痛快，缺乏使命意识和进取精神。既没有猪场经营的长远目标，不可能也没有文化道德建设方面的想法、思路或成熟主张。

十、阶级斗争企业化

猪场是经营场所，干事创业是永恒的主题。保持稳定永远是对经营提出的基本要求，也是管理者的第一要务。老板自己不明白这些基本道理，搞亲亲疏疏，拉帮结派，导致管理层成员之间，以及员工之间的互相对立、互相争斗，频频发生恶性事件。猪场内无宁日，外无形象。企业生存环境日渐恶劣,经营效益江河日下。

十一、沉湎酒色

有的老板是因为个人自制能力差沉湎酒色;有的老板是因为事业、生活、情感受到挫折,心灰意冷,破罐子破摔沉湎酒色;有的老板是挣到了几个钱,心猿意马,想要追回年轻岁月沉湎酒色;还有的就是人生观、幸福观扭曲,玩世不恭沉湎酒色。但不管何种原因,只要老板沉湎酒色,就会疏于经营,失于管理,轻则导致猪场经营管理不善,造成疫病频发和安全事故,效益陡然下降;重则直接导致猪场垮台倒闭。

十二、冒险投资

冒险投资是在生猪市场行情上扬时常犯的错误。老板看到生猪价格一路走高,眼红耳热,急功近利,产生扩大生产规模或投资建设新场的冲动,就不顾自己的实际承担能力,四处找钱,啥钱都用,将自己"喝稀粥"的钱、准备给儿子娶媳妇的钱、老爹老娘的养老钱,统统用于扩大生产规模。这种"集成败于一役"带有赌博押宝性质的冒险行为,直接提升了猪场经营的风险等级。

需要指出的是,此类冒险行为的偶然成功,会鼓励冒险的场长更加肆意妄为,其最终的结局也更惨。

十三、凭经验投资

在不同的地点、不同的时间甚至不同的行业,依据自己当年的经验,凭感觉投资上项目,猪场的选址、布局、工艺和基础设施建设同当年一样,却收不到当年的效果,甚至会受到行业主管部门的指责和批评。极端的例子是辛辛苦苦建成的猪场,在一场洪水过后被夷为平地,或者因未通过环评而不允许生产。

十四、盲目投资

盲目投资常见于非养猪行业内人士的投资。在房地产开发,煤炭、矿山开发或金融市场中赚到钱的大亨,为给手中多余资金找出路,不找专家咨询,或找到了"砖家",未经科学论证,盲目投资养猪项目。第一年投资,第二年赶上行情低落或发生疫情,立即转手卖场。这种对养猪行业缺乏纵深了解的外行投资人"前一脚油门,后一脚刹车"的做法,导致企业剧烈震荡,致使许多英雄豪杰纷纷落马,欲哭无泪。投资人自己也只能叹息:"我的天,投资办猪场,还不如拿钱打水漂呢!"

十五、妄估人力资源

这里存在两种极端现象。一种大型猪场投资人对新招聘的大、中专院校毕业生期望值过高,一进场就安排在管理岗位,导致规划、措施想当然的多,照搬书本或别的企业的多,同生产实践脱节。另一种是中小型猪场老板用固定眼光看人,把员工看成一成不变的机器人。这两种极端的人力资源幻觉,都是导致猪场执行力低下的直接原因。

十六、过度追求平衡

老板在经营猪场的过程中,尽可能维持骨干人员的平衡没错,错在过度追求平衡。不论哪个行业,企业骨干,尤其是管理层,不允许偷奸耍滑,更不允许吃里爬外。一经发现,应采取果断措施,立即剔除。现实中,有些老板则因为种种原因,沽名钓誉,对这种具有极具破坏力的人心慈手软,虽然发现,但是拖而不决,"一颗老鼠屎,坏了一锅汤",导致企业被掏空,最终输得自己"卖裤子",落得个"搭锅垒灶为别人忙活""鸠占鹊巢"的下场。

十七、手电筒行为

自己对潜规则深恶痛绝,却又不由自主地实施潜规则。就像手电筒一样,只照射别人,不照射自己。这种日常生活中"抬头批判潜规则,低头实行潜规则"的言行不一,使自己在员工中毫无威信可言,丧失了自己作为企业核心的号召力、凝聚力。一个没有号召力、凝聚力的员工队伍,何谈战斗力?一个没有凝聚力的企业,就像一个被抽去了灵魂的僵尸,即使前行,又能走多远?

十八、完美主义群众化

猪场老板自己追求完美无可挑剔,问题在于你用这种完美的标准去要求你的合伙人和管理层,以及管理层用这种标准要求员工。"阳春白雪,和者盖寡"。但凡有人群的地方,都有左中右。老百姓,老百姓,就是百人百姓名、百人百性情。猪场用的是人才、智慧、才华和人力,你可以引导员工追求完美,但是没必要要求员工都是完美无缺的人。你的标准过高,吓跑了人才,同样会殃及企业。

十九、附庸风雅

那些小有成就的猪场老板,挣了几个钱,就觉得了不起,飘飘然。想玩高雅,自己又不会,只能是附庸风雅。最常见的现象是耍好车,买字画,追明星,逛书场,甚至不管能否学到知识,有用与否,只管去花大价钱买博士、CEO名头。说实话,一个猪场老板,学知识无可挑剔,花钱赞助文化事业、残疾人也都不能算错。但是,若没有责任心、事业心和使命意识,不动真心、不下真功提高自己的文化品位,不去加强自身的修养,就是买到名头又怎样?何况那些名头又不是从天上掉下来的,是要花费真金白银的。与其毫无价值地附庸风雅,还不如在猪场硬件和软件建设上实实在在地投资。最悲惨的是那些不学无术、盲目瞎撞的中小型猪场老板,花了大把大把的银子,买到手中的是一堆赝品和假文凭。

二十、不学无术

老板自身文化水平较低,学习起来确实有困难,又不愿意动脑筋克服困难去学习。久而久之,养成了不读书,不看报,不看新闻,不学知识的习惯。这种自身非常浅薄的老板,可能养成一批商品猪,也可能平安地养几年,赶上好年景、好行情,还有可能成为暴发户。但是,若要持续稳定发展,就成为难题了。想成规模、上档次,更是难上加难。一场疫病,一次市场低谷,就可能打回原地,再现原形。"辛辛苦苦十几年,一病跌回贫困线"是其经营过程的真实写照。

第三章
快乐当场长

　　猪场场长的快乐，在日常的饲养管理之中，在猪场平稳运行和顺利发展之中，在一批批商品猪出栏之时，在员工领到工资奖金后的笑脸上。

第一节
生产组织

后蓝耳病时代养猪是商品经济的一种活动形式,猪场是养猪行业从事商品生产的基本单位,微利、高风险、处于产业链末端的属性,要求猪场内部必须按照生产需求设置岗位,需要即设,无用取消,精兵简政,不养闲人。

一、围绕市场动态组织生产

围绕市场动态组织生产,是猪场内部管理机构的一大特征。主要原因是养猪生产自身的周期律和产品上市的后效性。猪场场长必须根据市场对商品猪(或种猪,或商品猪仔)消费趋势的分析结果,制定本场的应对方案,包括至少提前半年(甚至更长时段)调整猪群周转计划,降低或者提高后备母猪和前三胎母猪的选择差、扩大或压缩后备母猪群和生产母猪群。所以,场内各类猪群的规模是动态的,各个饲养岗位的管理人员也会随着猪群规模的调整而发生变化,从而实现劳动力资源利用效率的最大化,降低生产成本。

二、保证生产稳定

不论是行政管理、后勤服务,或是一线饲养岗位,都有一个稳定岗位员工的问题。因为市场需求是在不断变化的,猪场要适应市场变化,就得不断调整生产计划,生产计划的调整涉及岗位员工的"上岗"或"待岗"。

从工人的角度考虑,"下岗"意味着失业,意味着家庭收入的中断;"待岗"好听一些,可能企业还会给"待岗"员工按月发放一些基本生活费,虽然不是失业、不是收入中断,但是收入下降是肯定的。"待岗"时间长了,会逼迫员工去找新的工作。所以有的工人就认为,长时间的待岗,是温和的下岗、文明的下岗。大家都希望有一份稳定的工作,这样才能保证家庭收入的稳定性和家庭生活的稳定性。"三天打鱼两天晒网"的工作,即使薪酬较高,也并不招人待见。

根据市场需要裁减岗位工人,同员工的愿望是矛盾的、对立的,是不受工人欢迎的,同时也是管理人员必须在规定时间内完成的任务。这项任务完成的好坏,不仅对当前生产有影响,对以后的生产也会发生影响。处理得恰当,会激发员工的生产积极性和主动性,提高生产效率。反之,则降低生产效率。这些年,一些企业因为这个问题处理得不妥,同员工的矛盾激化,甚至酿成集群斗殴、常年上访事件,外资企业、合资企业中,甚至发生员工想不开而跳楼自杀的严重事件。作为猪场场长,必须高度重视这项工作,管理中要全面计划,统筹安排,细化方案,周密部署。可从如下几个方面着手,尽最大努力降低裁员对生产的负面影响。

(一)制定和签订严谨的劳动合同 企业招工时必须签订劳动合同。在设定合同期限时,应当考虑市场猪周期对企业生产的影响,尽量实现聘任期同生产周期的吻合,减少合同期内的单方面裁员事件。签订劳动合同时,讲清楚合同期限。若合同期满后肯定不再延续的,也要按合同规定提前告知对方。

(二)内部消化 裁员不多时,尽量通过企业其他项目予以消化。尽管"转岗"同样不受员工欢迎,但是比"下岗""待岗"的难度和工作量小得多。

(三)建立一支稳定的骨干队伍 不论是饲养车间,还是行政管理、后勤岗位,都要组建基本的骨干队伍。通过相对稳定的骨干队伍保持生产的稳定进行,避免裁员时,员工情绪波动对生产的不良影响。

(四)统筹安排 企业要提高生产效率,必须有一支精干高效的员工队伍,离岗培训、进修是一种常用手段。场长在制订进修和培训计划时,应当考虑市场猪周期因素,尽可能在压缩岗位员工职数时落实进修、培训计划和拓展训练。其次,产假、婚丧假和休假制度,是国家法律赋予员工福利的一项内容,企业应认真落实。落实时考虑岗位增员、减员的需要,把保证法定假期的落实,执行奖励性休假制度等空岗时间,同岗位用人的实际需要相结合,统筹考虑,统筹安排,作为岗位增减人手的缓冲手段,尽量避免合同期内单方面裁员。

(五)努力沟通减轻负面效应　必须裁员时,要召开会议,同员工讲清楚市场形势和企业面临的困难,以及裁员的目的和要求,可以设计不同方案(减员或减薪),让大家讨论选择,从而减轻裁员的负面效应。

(六)强化危机意识　将"末位淘汰"机制写入员工手册,在职工夜校或场内培训会中讲解,让员工确立危机意识,既是调动工作积极性的需要,也是必须减员时的准备工作。比较起来,减员时"末位员工"抵触的激烈程度要低得多。

作为管理者,也应灵活掌握,谨慎使用"末位淘汰"。非减员时期,尽量通过其他手段督促"末位员工"努力工作,譬如通过谈心、沟通思想,了解为什么该员工连续处于末位,是员工个人不努力工作,还是其他原因。不是员工个人原因时,应想办法帮助员工摆脱末位,必要时也可以调整岗位。即使到了减员时期,必须动用减员手段时,也要尽可能稳妥处理。

(七)同实习基地建设的有机结合　养猪企业通过建立实习基地,实现同大专院校的结合,既有利于教育事业,也有利于企业的发展。将实习时间同岗位增员结合起来,可以缓解岗位人手紧缺的矛盾,也可避免临时增员后的裁减麻烦。管理者应当全盘考虑,统筹安排。

(八)同作风建设的有机结合　不断引进先进饲养管理技术,是猪场饲养管理水平不断提高的基本手段。而新技术的运用、推广必须依赖严格的管理机制,有赖于作风硬朗的员工队伍。尽管作风建设是一项长期的系统工程,但在需要裁员时的严肃执纪问责,客观上会起到减轻裁员难度的作用。注意,裁员要快刀斩乱麻,切忌拖拖拉拉。

(九)适当的补偿　给被裁减员工适当补偿,能够有效缓解对抗心理,避免恶性事件的发生。管理者一是应当向老板或董事会详细汇报,讲清缘由。二是注意补偿形式,别弄巧成拙,引起连锁反应。三是保密,采取什么形式补偿,补偿的额度多少,都属于管理层知晓的机密。

三、建立骨干队伍

要保证猪场的稳定生产,除了有一个团结协作、有战斗力的领导管理层外,还必须有一支精明强干、务实高效的员工队伍。可以借鉴国有企业车间主任、工段长、班组长、带班长的管理层次设置,也可参照外资、合资企业部门长、工段长、工长的设置,管理者可以结合自己猪场的实际情况选定。笔者倾向于国有企业的员工队伍管理设置,因为多数猪场是股份制企业、合资企业和私人企业,这种设置层次虽多,但都不是专职人员,不会导致管理机构臃肿。通过对一线工人的分层次管理,既可以实现不同时段所有岗位责任全覆盖,又可形成一支稳定的骨干员工队伍,还可因职级晋升调动员工的积极性、主动性和创造性,为企业在后蓝耳病时代的市场竞争中抢占有利位置奠定基础。

（一）制定骨干队伍建设计划 猪场基本建设框架定下来之后,在组织基本建设施工的同时,老板就已经着手物色人选,搭建管理班子。当场长(经理)人选确定以后,老板应当同场长共同研究企业的经营思路和未来发展规划,场长应当根据老板的总体发展思路和企业发展设想,拟定企业正常运行时的用人规模,并依照市场低谷时期的最小用人数量筹建基本管理队伍,设定各个工作岗位的人员定额,并依此定额为基础,提出各个岗位人才要求、薪酬待遇,制定招聘计划。

（二）按照岗位需求物色合适人选 基本管理队伍组建起来之后,场长应在企业的正常运转过程中考察、筛选骨干人才,着手组建骨干员工队伍。必须指出的是,企业骨干人选必须来自实际生产之中,只有那些在岗位一线成绩卓著的员工,才能够成为工人领袖。选拔时重点考察拟定人选的德行、能力、年龄和健康状况。德行方面重点考察是否遵纪守法、与人为善,最低要求是作风严谨,为人正派,并注意考察是否有赌博、吸毒、酗酒、涉黄、涉非等不良爱好。能力方面重点考察解决实际问题的方法、技巧和工作效率。年龄方面既要考虑成家立业、跳槽、退休等实际情况,也要考虑企业发展对职工年龄的要求,20~35岁的已婚青年为最佳年龄人选。健康的身体是作为骨干员工的必备条件,健康考察相对简单,通过体检就可以解决。

注意,骨干员工队伍建设应自下而上,层层推荐,逐级提升,充分尊重基层意见。

（三）培养和造就骨干员工队伍　培养优秀员工，打造骨干员工队伍是一项长期的细致工作。管理者应当依照骨干员工队伍建设规划，拟定不同岗位的选拔骨干培养计划，结合企业不同阶段的工作重心，有意识地安排进修、培训，不断提高其道德修养和基本素质。

（四）加快人才成长步伐　通过转换工作岗位，提高骨干员工在不同工作岗位的工作能力，使其成为多个岗位的行家里手，是培养骨干员工的必要措施，也是骨干员工成长所不可或缺的程序。唯有如此，才能保证在企业发展关键时期的人才需求。

（五）适当的报酬　骨干员工付出多，贡献大，管理者应当通过职务津贴、轮岗补助、奖励等手段，适当增加报酬，以保证骨干员工队伍的稳定。

四、完善组织构架

不论是种猪场，还是自繁自养的商品猪场，或是专门育肥的商品猪场，管理中都有一个组织构架问题。由于规模、类型、装备机械化程度和员工素质的差异，各猪场的管理组织不尽相同。管理者必须从本场的实际出发，设置符合本场实际的管理组织。不论是仿照国有企业的设置，还是参考外资企业、合资企业的设置，只要能够保证企业高效率的运转，维持正常生产就行。提请管理者注意的事项如下：

（一）全面覆盖　中国国有企业改革的方向是"自主经营，自负盈亏，自我约束，自我发展"，猪场作为一个企业，必然要遵循这些基本规则。所以，在筹建管理组织时，构架结构合理与否的一个重要标志，是能否实现对企业生产经营活动的全面覆盖。若有漏项，就会出现一些具体事务无人管理的现象。其结果不仅是加大办公室工作量，更重要的是一些漏项对日常生产的影响，有时甚至成为重大事故的隐患。

（二）避免交叉　社会管理研究结果表明，机构之间的职能交叉不但不能提高管理效率，反而会降低管理效率。这是由人类的趋利行为所决定的一种社会现象。当管理机构职能有交叉时，遇到有利可图的事情，会出现争相管理的现象，上演管理机构争权夺利的闹剧；当遇到没有利益只有责任或责任大于利益的事情时，则发生管理机构相互推诿甚至不作为的现象。所以，猪场在设置管理机构时，应避免职能的交叉。

（三）临时机构　在日常经营管理活动的某个阶段，或处理某些重要、重大事项，需要涉及多个部门，建立临时性工作班子，则要设立临时机构。企业的临时机构设置应把握的一项原则就是"需要即设、完事即撤"，那些没有及时撤销的临时机构不仅浪费人力、财力资源，甚至会给正常的经营活动带来负面影响。

（四）影子机构　猪场是社会的一个组织细胞，除了行业主管部门之外，许多社会机构也会对其行使管理权力，尽管许多部门对猪场的管理是无效劳动（包括那些阻碍企业发展的管理），猪场也无法正面抗衡。所以，有时要设置一些应付性的机构。这种对猪场正常生产经营活动毫无实际意义的机构，就是"影子机构"。作为管理者应注意，设置影子机构，同样是企业的经营管理活动内容，厌烦和拒绝不是理智的做法。而是要按照相关部门的要求设置，避免因此招来惩罚。可以考虑安排那些对猪场建设做出一定贡献的有功人员，或者拟提拔的骨干，担当此类职务，应对、处理相关事务。尽可能不动用技术骨干，避免分散管理骨干的精力。

（五）相互协作　猪场内各个机构各司其职，各负其责，非授权情况下不得越位行使权力，是所有管理人员都必须遵守的准则。发现非职责范围的失误，应首先向本部门的上级领导汇报，必要时通告责任部门。紧急情况下采取应急补漏措施的，应在采取措施的同时，向本部门的上级领导汇报。

五、设立科学的工作日程

只要是集群饲养猪场，不论规模大小，不论简陋与否，都应设置工作日程。哪怕是只需要两个人管理的猪场。

办公室工作日程，应同当地的社会工作时间一致。

依据不同岗位的工作性质和特点，设置不同岗位的工作日程。

依据不同季节的天气条件，设置工作日程。

设置猪群饲养管理岗位工作日程时，首先考虑猪的生物学特性，并结合季节变化适时调整。譬如夏秋酷热季节在拂晓和落日后给料，夜间开灯一次，督促猪起来饮水。冬春季节按时开启门窗通风换气等。

需要 24 小时值班岗位，应通过轮流值班制度，确保 24 小时有人值守。

第二节
日常管理

　　猪场日常管理的核心,是组织员工创造最适于猪生长发育的环境条件。场长的职责是围绕这一核心任务,想方设法调动员工的工作积极性、主动性、创造性,想方设法做好各种必需投入品的供给。习惯的说法是"用好工人管住料,维护设备看好猪"。

　　外行人看猪场管理,认为非常简单,就是管住饲养员,让他们按时给猪添料。其实,这只是一种表面现象。

　　事实上,猪场内部管理包括行政管理、财务管理、劳动人事管理、生产管理、技术管理、质量管理、安全管理、后勤事务管理等方面,由管理机制和管理制度两大部分内容构成。行政管理解决的是管理机构和管理体系问题,明确哪些事情由谁管,怎么管。财务管理负责现金和投入品的管理,以及成本核算。劳动人事管理负责员工的聘用、晋级、劳动保护、工资待遇、辞退等事项。生产管理负责具体的饲料加工、储存、分发,以及不同猪群的饲养管理。技术管理负责生产中的技术问题处理,包括饲料质量的控制,疫病防控,猪群质量的改进和提高。质量管理贯穿于整个生产过程,包括投入品的质量和产品质量管理。安全管理同样贯穿于整个生产活动，涉及方方面面，须臾不可放松。后勤事务管理负责员工的吃喝拉撒，负责猪场环境治理，以及同各行政管理机构的沟通融洽。

在猪场日常生产中，员工按照工作日程、岗位职责和制度工作。管理者通过制度规范员工的工作，从而保证了企业的正常运行。显然，管理机制是企业管理的核心内容，管理制度则是管理机制的文字体现。管理者通过制度贯彻企业家的意志，落实自己的运作计划。日常管理的具体要求如下：

一、猪场行政管理

猪场作为一个企业，行政管理的核心就是最大限度地调动全体员工的工作积极性、主动性和创造性，为企业稳定生产和持续发展提供动力。行政管理者应当按照"各司其职，各负其责，爱岗敬业，恪尽职守"的原则行事，形成"高效率、快节奏、令行禁止"的工作作风，建立企业文化，塑造企业形象。

从有利于猪场日常经营管理角度出发，企业文化建设的重点是工作作风建设，作风建设的核心是道德建设。所以，猪场日常行政管理的重心应当放在员工道德建设上。

一个有道德的养猪企业，由于人们有较高的道德水平，工作的积极性、主动性很高，创造性能够充分发挥，生产的效率肯定很高。并且，员工能够自觉执行各项规章制度和操作规程，制度建设和运转、生产监督的成本会大为降低，产品质量更高。企业才有可能自觉承担起自己的社会责任，向社会提供负责任的商品猪、种猪等物质产品，自觉控制"三废"排放，有利于环境保护和可持续发展。

二、生产管理

所有饲养人员都要养成"关心猪，爱护猪"的习惯，操作中轻拿轻放，管理中杜绝粗暴，不得以猪泄愤，无端惩罚猪。照章行事，细致操作，忠于职守，爱岗敬业，努力创造适于猪生长发育的最佳环境。

所有饲养人员都要养成爱护猪场财物的习惯。谁使用谁领取，谁领取谁负责。不用的工具器材及时交仓库保管。小件工具定点摆放整齐，及时擦洗；各种机械设备按要求定期检修、保养，并严格执行各种器械工具的使用规定，

085

第三章　快乐当场长

确保安全生产。不野蛮操作，尽量延长器械、工具、设备的使用寿命。

所有饲养人员都要养成勤俭办场的好习惯。遵守饲料、兽药、疫苗等消耗品领用制度，做好饲料、兽药、疫苗的保管使用，确保不在本岗位发生霉变、抛洒、过期、丢失。节约水资源，避免跑、冒、滴、漏。

三、技术管理

技术是生产力，是猪场的财富和效益。管理人员要积极追踪最新技术进展，大胆引进同本场生产管理水平相适应的新技术，并全力组织消化吸收，将"积极追踪、大胆引进、全力消化、严格保密"落实到日常管理之中。通过制定和组织实施"技术规划""岗位技术责任""技术规范""操作要领""操作要点""明白卡"等具体措施，分解、落实各项技术指标。做到"种猪档案""母猪生产卡片""后备猪系谱档案""商品猪流转记录"的全覆盖。

四、质量管理

"优质高效低成本"是抢占市场制高点的最有效武器，高质量产品源于日常生产中严格的投入品质量管理。管理人员要牢固树立"质量第一"的意识，把质量控制贯穿于生产全过程，分解到各个生产岗位，落实于日常生产管理之中。

严把种猪（或仔猪）、饲料、饮水、兽药等投入品的质量关，不用不合格原材料。玉米、大豆粕等大宗原料，应从固定的供货渠道或供应商处采购，并执行进场后复检制度。自行收购时，应围绕安全生产设定质量标准，并严格执行。

认真执行出场商品猪（商品仔猪）的质量检验制度，严把出场产品的质量关。后备猪群定期评定等级，未达到特、一级的种猪不得进入核心群，对外销售种猪不得低于二级。

五、疫病管理

认真贯彻"预防为主，防重于治，养重于防"的疫病防控方针，将"全员防控、全过程防控、全方位防控"贯穿于生产管理的各个环节，尽可能以量化指标分解到各个生产岗位。

管理人员要通过明确责任、合理分工、检查督促等手段，狠抓"严格的隔离消毒，舒适的生活环境，科学地保健用药，仔细地预防免疫，适时地预防性投药"等项疫病防控措施的具体落实，做到修整"萧墙""扎紧篱笆""防患于未然"。

完善疫病监测和免疫效果评价制度，准确填写各项记录表格，并做到及时归档，严格保管。

按照重大动物疫病防控预案要求，做好防控物资、器材储备，专库保管，及时更换，确保一旦使用时功能良好。

完善各生产岗位的巡视、检查、检测、监测、免疫和发病猪诊疗制度，做到无缝衔接。用表格（巡视、检查、检测、监测、免疫）和文字记录（病猪诊疗），确保制度的执行。准确填写各项记录表格（卡片），定期整理归档，按照后备猪群、繁殖猪群、商品猪群分类保管。后备猪群和繁殖猪群的资料，应跟随猪的流动及时移交，卡随猪走。按照当地动物疫病预防控制机构的要求期限，做好疫病防控档案资料的保管工作。

六、财务和物资管理

财务管理人员要严格执行财务管理制度，实行日结账、月盘仓制度和成品饲料、原料、日常消耗器械分库保管制度。做到账物相符，账账相符，收支有据，分毛不差。严格执行现金管理制度，大额现金当日上缴银行，流动资金日清月结，入柜保管，确保资金安全。大额度现金的上缴或提取要有安保措施，至少有两个以上携带通信器材人员共同完成，必要时由专业保安押运。

七、劳动人事管理

劳动人事管理属于后勤服务部门，管理人员牢固树立"忠于职守，作风严谨，服务生产，温暖人心"的思想理念，参照国家相关部门管理规定，在最短时间内办理职工的劳动保护、档案管理、工资福利待遇等事项，及时兑现奖惩，解除职工的后顾之忧。

按时发放工资、福利等劳动报酬，是劳动人事部门的职责，财务部门不过是具体的执行者。提高工作效率，及时收集、统计、处理各生产车间的相关表格，测算平均值，并按照各个岗位的奖惩规定，准确计算每个员工的绩效工资，确保按时发放。

八、环境和卫生管理

搞好猪场的环境保护和卫生管理,是稳定生产的基本保证,也是建立良好企业形象的基础工作,涉及生产、后勤两大部门。管理人员要按照"分段管理、各负其责、分工协作、责任到人"的原则,保证各项管理措施的落实。后勤部门将"任劳任怨、服务一线"作为自己的准则,在做好自己责任区、段工作的同时,要为生产岗位落实环境卫生制度提供及时、良好的后勤保障。

九、伙食管理

"确保饭菜质量,服务一线员工"是伙食管理的基本原则。组建由一线员工代表、炊事员代表和管理员共同组成的伙食管理委员会,选择有责任心、事业心、工作认真细致的伙食管理员,是搞好猪场伙食的基础。严格的食材质量管理和严谨的采购、加工制度,以及完善的食堂管理制度、操作规程,是伙食安全的基本保证。伙食管理员和炊事员,应在伙食管理委员会的领导下,尽职尽责,确保饭菜质量。

后蓝耳病时代快乐养猪

第三节
领导艺术

猪场场长是一个代表投资人管理企业的角色,要求场长在日常的管理中,既要切实负起责任,又不能被具体事务缠身,既要作为投资方的代言人,又要同员工打成一片。这种特殊的位置和角色,迫使场长学习、研究领导艺术,积极运用领导艺术。

高超的领导艺术,是对场长个人的基本要求,也是对企业领导班子所有成员的基本要求。不讲方式的简单命令、粗暴批评,常常是管理效率低下的原因,甚至是双方矛盾激化的前奏。

一、场长的自信心

老板(或董事会)选择你做场长,表明同目前班子内其他成员相比,你是场长的最佳人选。或许班子其他成员也非常优秀,但是至少在竞选场长这一轮竞争中你是佼佼者、胜利者。接下来的事情就是你通过努力工作,证明他们的选择是正确的。在此,不要因为某个班子成员同老板或董事会成员有这样那样的关系而缩手缩脚,也不要因为自己不是投资人而自卑。树立自信心，集中精力考虑工作是第一位。唯有如此，才能团结班子成员做好企业的日常管理，带领企业稳定发展。

二、牢牢掌握话语权

从老板（董事会）宣布你担任场长（总经理）的那一刻起，你就拥有了对猪场管理的话语权。但是应当注意，这只是程序上、形式上的话语权。真正获得话语权的过程，是你用施政理念征服老板（董事会）。在一个已成规模正在正常运行的猪场，任职场长不仅要获得董事会的信任，还要运用自己的施政方针、理政信念征服猪场领导班子成员和全体员工。新场长必须清晰地提出自己的发展目标、施政理念和新的价值观，让全体员工明白企业发展的方向和路径。目标明确了，员工才会有梦想，才知道下一步怎么走，工作积极性和主动性才能被激发出来，企业才有向前发展的活力和动力。

后蓝耳病时代快乐养猪

猪场场长构建新的话语权的实质是建设新的企业文化。领导力不是从真空中产生出来的，而是永远依赖于价值、规则、定位和企业成员的思考方式。特别要提出的是班子成员的思想方法。因为每一个人的思想方法都是由漫长的人生经历积淀而成，不尽相同是客观存在，譬如个人的社会经历、成长环境、文化教育、道德修养等因素，都会对个人的思想方法、思想境界、人生追求产生影响。领导人要向班子成员和员工灌输积极的人生理念，激发、构建一种积极、奋发、进取的企业文化环境，从而为自己施政方针的贯彻奠定思想基础。

三、用制度管人

制度同合同的最大区别在于合同是由当事双方，在平等的基础上共同商榷的结果，对签订双方都有约束力。制度则是管理者就完成某一工作或事项发布的指令。虽然没有法律法令那样高的效力，但是同各人的日常行为紧密相连。如果说规程是办成某一件事情必须遵守的指令，制度则是解决办事过程中不允许或不希望出现行为的指令，是管理者意志的具体表达，带有一定的强制性，在制度面前，大家是平等的。制度的这种属性为管理者表达自己的个人意志，施展自己的才华提供了空间机遇和可能。所以，作为猪场日常管理的最高领导，对猪场的日常管理体现在各项规章制度的制定与执行之中。当然，制定制度时必须考虑猪场的实际情况。不切实际的制度难以落实，甚至形同虚设。

严格执行制度,执行中坚持平等公正,是提高制度执行效力,保证制度长期有效的关键所在。场长对班子成员的考察,既要考察工作业绩,也要考察执行制度的公正性、公平性。

制度执行过程中应当注意灵活性。这里所指灵活性,不是让具体负责人充当"老好人",而是根据具体执行场所的工作条件、环境状况,判断违反制度或造成失误的原因,是无意识违反,还是客观被动违反,或是主观有意违反,以及区别违反制度事项危害性,甄别违反制度的偶然性,予以不同程度的处罚。

"智者千虑,必有一失"。制度制定者也是人,是人就难免有失误,因制度本身的失误逼迫员工违反制度时,不但不应当处罚员工,还应当立即纠正失误,并对发现制度缺陷的员工予以表扬。对其造成的损失,制定者应当承担责任,而不是文过饰非,推诿责任。

四、分层次管理和分工负责

刘邦评价"汉三杰"的一段话值得借鉴:"夫运筹于帷幄,决胜千里之外,吾不如子房;镇国家,抚百姓,给馈饷,不绝粮道,吾不如萧何;连百万之众,战必胜,攻必取,吾不如韩信。""三人皆人杰,吾能用之,此吾所以取天下者也"。换成今天的通俗语言,就是出谋划策我不如张良,筹措粮秣我不如萧何,领兵打仗我不如韩信,这三个人都是杰出人物,但是我会用人,能够协调指挥他们,这就是我能够打江山取天下的原因。

这段话,对今天的所有猪场管理者,都有借鉴意义。就是成就大事业者,必须懂得分工负责、分层次管理。否则,就会像当年的诸葛亮一样"事必躬亲",忙得不可开交。"事无巨细一抓到底"的结果是"鞠躬尽瘁,死而后已"。"鞠躬尽瘁,死而后已"是一种做人做事的最高的精神追求,不是工作的目的,当然也不是市场经济条件下猪场场长的奋斗目标。所以,本书反复强调明确职责和建立规章制度,用制度来约束员工的行为,用制度来保证工作任务的按时完成。

五、分别处置

不论是筹划酝酿,还是运作实施,猪场场长一定要学会分别处置、因势利导、乘势而上，将有利因素的影响扩展到极致，推动事情向着有利于企业稳定生产的方面发展。

（一）重大事项和紧急事项的处理　处置重大事项时，场长要首先听从老板的意见，明确老板的意图。必要时应当向老板直接阐述自己的意见，尽快同老板达成一致。其次要同有关的管理人员沟通，听取管理人员的看法和意见。分析实施的关键环节、关键时期，以及有利条件和不利因素，并拿出相应的解决方案。其三要与直接相关人员沟通，论证实施方案的可操作性、可能出现问题的应对预案。通过上述三个层次的反复沟通、酝酿，形成完整的解决方案后，方可公布实施。

（二）冷处理和热处理　"临阵不乱，处变不惊"是企业领导人的基本功。场长个人情绪不稳定时，不要急于处理重大事项，一定要待情绪冷静后再行处理。即：冷静处理。

某些情况下，当事人情绪激动，贸然表态，有可能导致对立情绪，使问题恶化。此时，设法使对方情绪稳定，让当事人冷静后再行处理，反而能够达到预期目的。也即通常所讲的"冷处理"。最有教育意义的是姜昆和李文华表演的一个著名相声段子，两个骑自行车上班的人发生了碰撞，因为双方不冷静升级为街头争吵，警察将两人带到派出所后，借故外出，把两个人晾在那里。经过一段时间的冷静后，双方自己化解了矛盾。

另一种情况就是多种因素凑在一起，如能及时引导或者当场拍板，就能够促成某件事情，或引导事情向有利于企业的方向发展。此时就应当果断处置，也即通常讲的"趁热打铁""热处理"。作为猪场场长，对日常饲养管理的各项事务娴熟于心，准确判断，是"热处理"的前提，或称基本功。

（三）备忘录和记事牌　场长不算大官，但不见得清闲。平时会有各种琐碎事务，疫情高发期更是事务繁多。为了保证有序工作，有必要在场长办公室设立备忘录，在场部综合办公室设置记事牌。

作为场长，有了工作计划，就要认真抓落实。每周一或每天早晨上班，静下心来想一下本周或当天需要处理的事务，排一下先后顺序，写在备忘录上，然后逐一处理。

养成"当日事，当日毕"的良好习惯，下班前回顾一下当天工作，办理完毕的画掉，没有办理完毕的写到备忘录上，明天继续办理。对那种需要一定的时

后蓝耳病时代快乐养猪

间段才能完成的任务，期间要有进度检查，可在备忘录上写上预订检查时间。

场部综合办公室要有工作日志，工作人员要记录每一天安排处理的事务：某项工作谁牵头，落实到谁头上，进度如何，完成的及时向分管领导汇报，未完成的写入记事牌以便于督促。

（四）因势利导和乘势而上　同老板一样，场长也要抓关键人和关键事，只不过具体人、具体事项不同罢了。场长要抓的关键人包括班子成员，也包括财务人员和技术人员。在同这些人员的交往中，必须坚持"三多三少"。即多表扬，少批评；多总结，少指责；多分析，少埋怨。

不论是表扬员工，还是批评员工，都要做到因势利导和乘势而上。

普通员工做了好事，做了有利于企业的事，就应该大力表彰，可以在总结大会上表扬，也可以举办专门的表彰大会，通过对好人好事的表扬和宣传，营造做好人、干好事的良好工作氛围。管理层成员，包括你的副职做了好事，也需要表彰，但是应该在班子会议和单独谈话时由衷地表达，在大会上表彰反而会使其觉得你把他当作一个普通员工对待。有时候，当一个管理层人员做了一件对企业有利的事情，在大会上表彰甚至会使员工感觉是在作秀。同样道理，批评时小范围能够解决问题，就不放在大范围；能不点名的就不点名。对于班子成员个人的错误，原则是通过"一对一"的交流谈话指出，点到为止，明白即可。班子会议上的批评，多数是指多个人倾向性的错误，列出现象后自然会有人对号入座，反省自己。而将班子成员的个人错误拿到大会上，则常伴随职务调整。同样，对于员工个人的错误，直接管理者也应当通过单独谈话指出，并提出改进建议。需要在会议上提出批评的，为众人错误或倾向性错误，不点名的指出现象、分析危害效果往往优于指名道姓。

表扬或批评还要注意时间当口。一个会议快要结束时的表扬，会淡化所表扬事件和人物的影响力。同样，在会议结束前，大家伙饥肠辘辘的情况下的批评，许多人甚至都没有注意，又怎能达到批评的效果呢。所以，即使不是非常典型的需要表扬或批评事例，也应当放在会议的中间时段。

那些对企业正常生产管理和持续发展有积极作用的好人好事，不论事件本身带来的收益大小，只要发现，就要立即表扬。那些有可能给企业生产管理带来重大影响的错误，不论当时造成损失大小，一经发现，要立即制止、"消灭在萌芽状态"。管理者慧眼识珠，及时发现好人好事，及时因势利导，是营造企业干事创业良好氛围的基本手段。

六、领导挂帅和分工协作

明确职责,各司其职,各负其责,是企业日常生产管理的基本要求,若企业日常生产管理中需要领导挂帅的事情太多,表明企业的管理机制有问题。

只有涉及企业未来发展的事项,日常管理中的重大事项,或者不同部门员工参与的事项,场长才亲自参与。此外,法律法规和行政管理部门有明确的行文要求事项,不论对企业生产影响程度大小,都要按照"加强领导"或"领导挂帅"的要求,成立由场长本人担任第一领导人的相应机构。

通常,企业日常生产管理按照组织结构和分工,各司其职,各负其责。但是,由于工序之间的衔接机制,部门之间协作也是日常生产管理中经常发生的事情。能否主动相互协作,是员工队伍和管理人员主人公意识强弱的标志;能否有效相互协作,主要取决于管理层的责任心和主人公意识强弱。因为考核业绩机制的影响,各个生产部门更注重于本部门的工作,很少有人主动就相邻工序的工作质量发表意见。作为场长,在制定奖惩制度时,应当考虑如何避免这种矛盾。日常工作中,既要坚持各负其责,也应注意协调隶属于不同管理部门的相邻工序。例如,饲料原料收购、保存环节的问题,在加工环节更容易发现。加工中的问题,在成品料仓库和饲喂环节更容易暴露。种猪饲养的好坏,常在繁殖母猪群得以表现,产房饲养工人最有发言权。哺乳仔猪饲养质量的高低,常常在保育期表现。保育期管理是否到位,常在育肥期表现。育肥猪质量高低,在销售时表现,等等。如果下一道工序发现问题后害怕及时反映会恶化相互关系,不及时报告,就会发生"堰塞湖"效应,导致问题长时间得不到解决,随时间的进展放大危害效应,最终酿成事故。如果在制定制度时考虑到这种负面作用,就可以通过制度本身予以避免。

七、言必信行必果,令行禁止

生产中极为常见的现象是在一个猪场内,相同的猪舍环境条件,相同的饲料配方和加工方法,日龄相同的育肥猪群(杂交组合肯定一致),却因为是不同的饲养员,最终育成率和合格率大相径庭,出栏重也差异悬殊。大家常说是饲养员的问题。那么,为什么非常优秀的团队却总是昙花一现,很少出现生命力旺盛持久的养猪企业,为什么30年过去了,全国优秀养猪企业却屈指可数?难道全中国就那么几个养猪人知道管理机制重要?知道用制度管人?知道建设企业文化?答案显然是否定的。问题出在哪里?出在管理者身上。

管理者自己缺乏高度,没有把养猪作为一项长远的事业。其突出表现有四点:一是言行不一,言而无信。用人时大言不惭,"出口敢许半边天",完事后把对职工的承诺弃之脑后,忘记兑现,或者根本就没想兑现。二是作风虚夸、浮漂,说得多,做得少,开会时说得条理分明,头头是道,会后却不执行,或者不认真执行,有布置没检查,"老和尚种芝麻,忙种不忙收"。三是缺乏持之以恒的执行力,规章制度贴满墙,执行得怎么样没人过问,到处都是操作规程,执行与否无人知晓。四是小富即安,故步自封。养好了一批猪,或者某一个年度收益增加,就沾沾自喜,故步自封,忘记了分析成功的原因,总结经验,更忘记了当初对员工的承诺。

怎样解决这些问题?

首先应当从老板和场长做起,言必信,行必果,令行禁止。其次,建立良好的管理机制和完善的管理制度的目的,在于调动员工的工作积极性、主动性和创造性,令出必行。承诺落空一次,工人一笑了之,落空两次,工人对场长和老板的人品就会有看法,第三次号令就会有人处在观望状态,第四次可能多数人都不抱希望。所以,连续两次的"空头承诺"是管理的大忌。其三,各项规章制度、操作规程是企业正常运行的基本保证。场长要利用大家的智慧健全制度,并在执行中不断修改、完善制度,更重要的是强化不同层次的检查、督促,确保落实。其四,及时分析、处理落实中的问题,没用的制度,立即废止。其五,实行民主管理。场长个人养成民主管理的良好习惯,遇到生产管理中的重大事项,立即召集分管副场长和相关人员讨论决定。非紧急情况场长不独断发令。但不论是民主决策的事项,还是场长的临时决策,一经公布,必须不打折扣地执行。其六,设立场长基金,保证场长临时决策的执行。

八、交流技巧和语言艺术

在社会生活中,交流是一种必不可少的工具。任何一个企业领导班子成员,都必须掌握交流技巧和语言艺术。否则,就不是一个称职的领导。

人与人交流首要的是诚信。作为企业最高领导人,对企业任何一个职工都要一视同仁,平等对待。其二,要平等待人。平等待人的含义是领导人自己要有平常心,要放下身段,与人交流时不要有居高临下的姿态,因为那样,员工对你就会敬而远之。其三,与人交流时要学会换位思考。对同一个问题、同一件事,站在场长角度与站在工人角度,看法不同是正常现象,要能够容忍,允许职工有不同看法。有时候,只要你换位思考,就会发现症结所在,很快找到解决的办法。其四,要与人为善。与人为善是做人,批评人是工作,二者不可混为一谈。当你抱着与人为善的态度做工作,即使批评人,也会是诚恳的、善意的,自然注意摆事实、说危害、讲道理,而不是蛮不讲理、以权压人,更不会起高腔、拍桌子、以势压人。这样,被批评的人才听得进,从心底服气,思想上接受,也才能明白错在哪里,知道如何改进。所以,"诚信待人""平等待人""想人所想、急人所难"是一种猪场管理人员应有的美德,也是做一个高尚人的情操体现。

具体的交流包括语言沟通、思想交流、感情交流。不论哪种交流,都要从谈话开始。所以,作为一个企业领导,要讲究谈话技巧,研究谈话艺术。

领导者要学会讲亲近的话,讲温暖的话。讲能够启发人、引导人、鼓励人的话,进而达到接触人、亲近人、了解人的目的,为科学培育人、正确使用人创造条件。生活中有个常用的词汇,叫作"花言巧语"。笔者的理解,花言是指语言的技巧,不仅仅是华丽的词汇,更多是指讲述的内容能够让人动心,而巧语则纯粹是语言本身的巧妙或技巧,打比方,举例子,讲典故,都属于这个范畴。一种客观现实是同一件事情,有的人表述得简明扼要,有的人讲解得生动活泼、引人入胜,有的人则讲得啰里啰唆、词不达意,让人听起来昏昏欲睡。领导人要加强自己的语言技巧训练,不管是同普通员工,还是同班子成员,讲话时除了要注意讲话的内容外,还要注意讲话的方式、时间、地点、场合,更要注意讲话的技巧。

讲有用的话,但不一定是干巴巴的一句话。谈判、应试、汇报等特殊场合,需要简明扼要,那就一句废话也不讲。制定规范、宣讲技术、解释法规制度等普及教育场合,需要深入浅出,就不要吝惜时间和语言,并尽可能讲得生动活泼,让人听得懂,听得进,记得住。也就是常说的"因人因时因事因场合,当简则简,当详则详"。

作为企业领导人,还应当有敏锐的洞察力,尤其应当注意班子成员的思想状况。发现班子成员情绪不高时,应主动沟通,通过思想交流解释疑惑,消除误解,解决困难,保持领导班子旺盛的战斗精神和良好的工作状态。

一个优秀的企业领导,不一定是一个感情细腻之人,但一定是一个感情丰富之人。很难想象一个冷若冰霜的企业领导,如何拉近同班子成员和员工的距离,如何团结带领班子成员搞好管理。感情交流贯穿于日常生活和工作之中,老板、下属都是人,都有七情六欲。通过感情交流形成良好的人际关系,是干好本职工作的需要,也是做人的起码要求。所以,在工作之外,进行一些感情投入,也是企业领导人工作生活的组成部分。

九、建立良好的猪场生产外部环境

对于大型猪场,多数场长(总经理)只是承担管理的责任,良好外部环境的建立,通常由董事长和董事会完成。那些中小型猪场或农户猪场,以及少数大型猪场,场长不但要承担管理责任,还要承担建立良好外部环境的责任。

当场长需要承担建立良好外部环境责任时,要求场长不是日常生产具体事务的管理者,不是优秀员工,更不是最好的技术人员。他应该是一个外交家,是一个能与行政管理机关、重大客户、相关企业和相关领域的关键人物娴熟打交道的人。如果每天仅仅是埋头于猪场日常管理事务,在中国这个市场经济机制尚未真正形成的特定环境下,这个猪场不会走得太远,即使走得远一些,也是步履艰难,勉勉强强,也不会做得很大、很优秀。

在日常工作中接触了许多猪场老板,有的是个体猪场的老板,有的是合资猪场的领导人。他们有一个共同点:工作辛苦、活得太累。究其原因,他们都把有限的精力放到猪场日常事务中:开会讨论、签字审核、谈客户等。其实,他们哪里是猪场的领导者,只不过是管理者而已。这种角色错位,导致了领导力不能得到有效发挥,更谈不上为猪场发展建立良好的外部环境。

要想为猪场构建良好的外部环境,领导人必须学会抬头看时代发展大势和养猪业发展趋势,学会研究"猪周期""猪经济",学会与高层官员、资深学者、技术一流的专家联络沟通,学会各司其职,分工协作。

第四节
快乐的场长

后蓝耳病时代养猪,面临的竞争因素将会更多,对手更加强大,疫病也更加复杂,危害更严重。所以,保持猪场平稳生产和持续发展,生产组织的繁杂程度、仔细程度、广阔程度将会明显提高,工作量更大,对场长的要求也更高。作为一个社会人、自然人的场长,怎样在这种日趋激烈的竞争博弈中获得快乐,是一个值得思考、琢磨的问题。

一、快乐的事业和幸福的人生

养猪是以为人类提供肉食生活产品为主要任务的生产活动,是满足人类不断提高生活质量的长青产业。

世上三百六十行,行行都得有人干。

领导人的快乐,在企业的繁荣或单位的兴旺发展之中,在员工的欢声笑语里。医生的快乐,在于治疗过程,在患者康复后的笑脸上。驾驶员的快乐,在飞机、轮船、火车、汽车的平稳行驶之中,在于顺利到达目的地之后旅客离开时的愉悦之中。养猪人的快乐,在饲养之中,在商品猪出栏之时。猪场场长的快乐,自然也在日常的饲养管理之中,在猪场平稳运行和顺利发展之中，在一批批商品猪出栏之时，在员工领到工资奖金后的笑脸上。

子在川上曰，逝者如斯夫。孔老夫子尚且感叹时光如水，何况一位猪场场长，一个普通百姓？

作为一个平凡人，只有珍惜生命，珍惜时光，在平凡岗位和事业中，不懈努力，做出了不平凡的业绩，才不愧人生，不枉来人世走了一遭。

幸福在哪里？幸福其实就在平凡的岁月里，就在大家的心坎里。成功是幸福，奋斗的过程也是幸福。明白了这一点，就会释然许多，生活得潇洒自如。

二、对老板负责

猪场场长对老板负责就像士兵执行上级的命令一样，是一种天职。如何负责，怎样做才算负责，则需要每一位场长自己认真把握。

年底向老板和董事会汇报当年工作时，讲清楚本年度干了什么工作、取得了哪些成绩。财务收益怎么样就行了。重点是和老板一起分析下一年度面临的市场形势，根据本场的员工队伍素质、猪群结构现状、周转资金储备等实际情况，讨论下一年度的发展规划，提出下一年度的工作的总体构思。

需要注意，总结汇报上年度工作时尽可能简明扼要，提纲挈领讲大事。老板和董事会成员关心的重点是企业本年度发生的大事，关心的是财务收益增加与否，从而判断当年的红利多少。财务收益大幅度增加时，讲几点心得体会还马马虎虎；财务收益持平时，尽量少讲经验体会；财务收益下滑时，只有讲教训和查找原因的份。制定下年度计划时，一定要同"猪周期"走势吻合，从猪场实际出发，按猪场实力（资本积累、员工队伍、场房设备老化程度等）办事，实事求是，留有余地。为迎合老板和董事会的喜好，随意拔高生产、技术和收益指标，不仅对企业的长远发展不利，也是场长本人自毁管理生命。

面对老板和董事会不切实际的过高要求，不要急于否定，应该同班子成员交换意见，仔细分析现有条件和各种有利因素，看看经过努力是否能够完成。经过努力能够勉强完成时，先单独向老板回报，讲清楚面临的困难和具体的应对措施，同老板达成一致后再向董事会回报。经过详细分析发现确实难以完成时，应将分析结果形成书面报告，带领班子主要成员一道向老板汇报，说服老板修正指标之后，由老板先分别向董事会成员说明情况，取得董事会多数（此处的多数是指代表股份的多数，不是董事自然人的多数）谅解后，再向董事会全体成员汇报。

　　一种极端情况是老板自己不是本分人，想歪点子，打歪主意。例如媒体多次报道的在饲料中添加三聚氰胺等违法违规行为。在某些危机时刻，一些老板病急乱投医，会提出一些非正当要求，甚至想出一些违法违规的点子，这是现实生活中正常的客观存在，没必要大惊小怪。老板也是人，并且许多老板还是普通人，少数老板还是有不良记录的暴发户。此时，场长不要急于表态，可以找借口缓一下，给自己足够的时间，认真思考分析其利弊得失，寻找克服危机的其他途径，协助老板带领企业渡过难关。考虑成熟后，再找机会单独同老板沟通。沟通时先要指出那些做法的危害，表明自己不赞成、不支持的原因。聪明的老板听完后，自然会问你有没有更好的解决办法。这样，提出自己克服危机的思路和建议，就是顺理成章的事情。另一种情况是老板不听你的分析，坚持己见，这种老板是少数，多数老板会在你晓以大义后幡然悔悟，支持你对猪场的继续管理，并有可能成为知己、至交。现实生活中，没有几个老板愿意放着好日子不过去铤而走险。若真遇到那种"不撞南墙不回头"的死心眼老板，就需要你明确表示不赞成、不支持、不参与的态度，也不要惋惜那个场长职位，只要有真本事，换一家企业照样能够施展才华，"是金子总有闪光的时候"。退一步想，与其踏上贼船，搞得后半生整天提心吊胆，还不如到其他企业当一个普通员工，活得潇洒自然，幸福愉快。

三、团结和激励班子成员

　　企业经营管理是一种集体活动，场长和班子成员团结一致，心往一处想，劲往一处使，就成功了一半。所以，要想做一个快乐的场长，首先得同班子成员搞好团结。

　　养猪这项事业把大家联结在了一起，除此之外，每个人还有自己的目标，自己的家庭，自己的亲戚朋友，自己的事业，自己的爱好。作为场长，可能你的追求是通过养猪实现自己的人生价值，班子其他成员可不一定都是这样。这就需要经常沟通，经常教育。不要以为只有员工需要教育，班子成员同样也需要教育。经常围绕养猪，围绕猪场的平稳生产座谈、沟通、分析，通过分析沟通，阐述办好猪场对每一个员工和班子成员的重要意义，是场长的经常性工作。从某种程度上讲，这比经常到生产车间巡查还重要。因为，班子成员心往一处想,是各负其责、各尽其职的基础。

只有团结还不够,还需要有激励机制。激励机制是调动大家工作积极性、主动性的金钥匙。这一点,老板要考虑,场长也要考虑。现实中大家可以经常观察到,有的企业红红火火,生机勃勃,心齐气旺,什么事都有人管。有的企业则死气沉沉,猪跑了没人追,院子脏了没人扫,饲料撒了没人收,水龙头开了没人关,油桶倒了没人扶。为什么?就是因为缺少激励机制,干得好与干得不好一个样,久而久之,员工的积极性就像一堆光燃烧却不加薪柴的火堆一样,慢慢湮灭。所以,一个企业要正常生产,要持续发展,当然需要人才、技术和资金,更重要的是需要一种激励机制。有了激励机制,就能够调动大家的积极性,有困难就能够想办法克服。引进人才、引进技术、引进资金,哪一个办法不是人想出来的?反之,缺少激励机制的企业,有人才也留不住,或者留住了不一定掏力气;有技术不一定能形成效益,有资金也不一定用到需要的地方。所以,若想当快乐的场长,必须从本场实际出发,开动脑筋想办法,设计激励机制,创新激励机制。既要有普通员工的激励机制,也要有班子成员的激励机制。当然,这样做,需要同老板沟通,取得老板的支持。只有傻瓜老板才会反对你调动大家的积极性,不要有顾虑,老板会支持你的。多数老板发愁的是花费了好大力气,出了大价钱,招聘到的场长想不出点子。

四、廉洁自律,洁身自好

新时期若想当快乐场长,还得记住一条:严于律己。不论你在国有企业,还是在私人企业,或是合资企业,只要是场长,手中都握有权力。但是要明白,这个权力是让你用来干事业的,不是让你谋私利的。君子求财,取之有道。作为场长,只要你把企业领得红红火火,不仅薪酬高,老板还会发奖金,甚至奖励你股份,没必要去动那些歪心思。

企业家圈子中,最忌讳的问题是黄、赌、毒。所以要把"廉洁自律"作为自己的座右铭,时时提醒自己。接触形形色色的人是工作需要,商务活动中能否适度把握,关键在于自己能否做到"远小人近君子",能否严于律己。

不论是运筹新项目,还是具体的商业谈判,当你有求于人的时候,你会想办法最大限度地满足谈判对象的喜好,尽管花钱你也心疼,甚至扭头就骂娘,但是你得捏腔拿调,耐着性子充大方。"投其所好",讲的应该就是这么回事。

同样道理,别人有求于你时,也是在尽量讨好你,满足你的爱好。请你吃个饭,喝个酒,是工作需要还说得过去,请你赌博你还去,就不是工作的事了。

"男人有钱就学坏"是一种社会丑恶现象,但愿场长们别引作人生信条,更别对号入座。当场长后收入多了,社会地位高了,接触面大了,手中的社会资源多了。这时候,应当想着怎样承担起作为儿子、丈夫和父亲的责任,在带领企业进步的同时,过好家庭生活,包括赡养老人、教育孩子和关爱妻子。此时最常见的问题,是由于在场内工作的时间多,同家人接触少,与同事和业务人员接触得多。当同事和业务人员中的一些异性羡慕你的地位和权力而有意识地靠近你时,你人生的又一个考验就来到了! 这就是面对美色,你能不能想到,你之所以能够走到今天,同你的妻子(或丈夫)的支持分不开。妻子的姿色(或者丈夫的气质)是不如从前,但那是为了支持你的事业替你分担家务的岁月痕迹,你更应该珍惜和尊重对方,而不是"抛弃糟糠之妻"见异思迁! 要明白,家和万事兴,后院失火除了影响你的工作,还伤及老人、孩子,尤其是对孩子的心灵创伤,是花多少金钱都难以治愈的。因为孩子们从心底已经看不起你,之后的教育很难走心,就有可能发展为问题少年。更不用说二婚后你还要处理"小妻"同孩子的矛盾、你同"小妻"所带来孩子的矛盾,这些,只会分散你的精力,给你的工作和事业带来负面影响。

所以,当场长要有定力,要时刻保持清醒头脑,不仅自己要洁身自好,还要教育班子成员和员工洁身自好。

五、打造高素质员工队伍

当年,毛主席讲过一句话:"世间一切事物中,人是第一个可宝贵的,只要有了人,什么人间奇迹都可以创造出来。"今天,在讨论后蓝耳病时代养猪时,品味这句话,觉得是讲到了事物的根本。打料、添料、清粪、冲洗、接生、免疫、清理下水道、管理储粪场、"三级"废水处理池的护理,直至日常检查和记录、景观植物的修剪、浇灌,隔离区牧草的收割,遮阴植物的养护,哪一件具体工作,不都是工人做的? 工人是企业的基石,工人是企业的希望所在。关爱员工,是每一个企业管理者都必须具备的基本素质。作为猪场的"一把手",必须把关爱员工列入自己的议事日程,当作一项重要工作来抓。

打造高素质的员工队伍,是企业日常生产管理的基本工作,也是塑造良好企业形象、保持企业活力的长远大计。作为场长,不仅自己要把塑造高素质的员工队伍作为自己日常管理的重要内容,还要教育班子成员重视员工队伍建设。

人们常说:只有窝囊的将军,没有窝囊的士兵。讲的是兵在于领,在于用。同样道理,员工能否胜任岗位工作,企业的员工队伍是否有战斗力,在于企业对员工的培养、教育和领导,在于企业能否因才施用。

在同猪场老板交流时,经常听到老板或场长的感叹:"现在的工人不好管。"一位著名 IT 企业家曾感叹:企业不是军队,不是政府机构,你们有法律,有军规,企业家有什么? 什么都没有。其实,不是现在的工人不好管,而是在于你就不应该有管人的思想,是这种管人的思想将你引入管理的歧途。

三字经在讲到小孩子成长时说"子不教,父之过",套用到现代养猪企业,就应该是"不对企业员工进行教育,是场长的过失或罪过"。

(一)教育和培养员工　教育和培养员工是企业日常管理的重要内容,也是场长的基本职责。如何组织教育,怎样提高教育的效率,教什么内容,用什么方式教,是非常值得大家认真思考和仔细琢磨的。笔者建议各位场长集思广益,大胆探索。推荐的教育形式有场内夜校、外出培训、代培进修、学术研讨,以及岗位练兵、达标活动、技能比赛等。

1. 场内夜校　是一种简单易行、经济实惠的常用教育方式。这种方式可以充分利用场内会议室、教学设备、技术力量等现有条件,员工也不需要脱离生产岗位,还可结合生产实际随时调整教课内容。并且可以实现继续教育和业余活动的有机组合。可以每周数次、每周一次,也可以数周一次,授课时间可以灵活安排。劣势是缺少新颖性,吸引力不高。

2. 外出培训　组织员工到外单位或外地,就某一专题开展的短到一周,长至数周、数月的培养教育。是一种带有专业强化色彩的教育方式。特点是培训机构在某一领域造诣较深,培养质量有保证。缺点是费用高,需要脱离岗位。

3. 代培进修　代培是企业委托大专院校代为培养员工的教育,进修则是员工到大专院校继续进行学历学习的教育。前者必须有委托单位,后者则不要求委托单位。优势是能够进行系统教育。缺点除了较高的费用外,还要较长时间地脱离生产岗位。

4. 学术研讨　涉及理论层次的技术交流。可以了解技术动态,获得先进技术。但是费用较高,要求参加者拥有较高的理论功底。

5. 岗位练兵　主要目的是对员工进行实际操作技能训练。优势是可以现场演示、手把手教育,便于文化水平低的员工接受。劣势是需要较长的教育时间。

6. 达标活动和技能比赛　具有激发员工积极性的更高水平的实际操作技能训练。优势是示范性强,可比性强。劣势是需要一定的场地和比赛器材、原材料。

各个猪场应当结合自身实际情况,选择适当的教育方式。最好的方法是将几种方式结合使用,因人施教,因时施教,因事施教。关键是应当结合生产进度,制定教育培训计划,并依照计划安排,循序渐进,逐一落实。

(二)抓好道德和法制教育　需要强调的是不可忽视道德和法制教育。相信没有几个场长不希望自己的员工是奉公守法的公民,大家也都清楚,员工之间若因鸡毛蒜皮的小事发生打架斗殴,轻则影响团结,受伤时需要住院治疗,需要管理层动员别的员工顶替岗位工作,增加管理层的工作量。重则可能酿成刑事案件。既然这样,何不在培训时增加一点法制教育、道德教育的内容,增强员工的守法自律能力。要知道,精神文明建设是覆盖全社会的,猪场员工打架斗殴,酿成治安事件,公安部门是要处罚企业的,处罚的次数多了,你这个场长的位置就危险了。

(三)树榜样,立标兵　榜样的力量是无穷的。通过岗位练兵、达标活动和技能比赛,树立榜样和标兵,使员工学有榜样,追有目标,有利于提高员工的工作积极性和主动性。可以结合生产进度,在不同阶段组织不同的比赛。提请注意的是,组织此类活动,要有相应的激励措施,大会表扬、发通报、上红榜、佩戴红花、发放奖品和奖金,都是激励方法,场长应当灵活运用。

(四)营造良好工作环境　人是感情动物,工作的积极性、主动性同心情有关,同情绪有关,当然也同员工的技术水平和操作熟练程度有关。所以,企业要积极营造有利于员工积极性发挥的工作环境,使员工在心情舒畅、情绪稳定的状态下工作。

(五)知人善任,用人之长　知人善任,用人之长,是发挥员工创造性的重要手段。企业领导人应在日常管理中观察员工,发现员工的优点和长处。那些需要多人工作的岗位，或者需要多人协作的工作，选择人员时既要考虑所选用人员的工作能力，还应考虑所用人员是否性格互补、关系融洽，甚至还要考虑语言沟通是否顺畅。

（六）发现和培养优秀员工　重点观察那些年轻、有文化的员工，为恰当运用做准备，为组建骨干员工队伍做准备。对于那些有培养前途的优秀员工，可以通过深化培训、系统教育、轮换岗位、委任职务等手段予以培养，为企业的稳定生产和发展储备实用人才。

六、注重制度管理

"公生明，廉生威"。不论是工业企业，还是养猪企业，日常管理中最基本的原则是"公开、公平、公正"。制度管理是最可能体现这一原则的设计。职工守则、岗位职责、操作规程和管理制度，共同构成了企业的管理体系。日常生产管理中，场长要通过管理层的督促、检查、评比、考核，保证其落实。

督促是班组长等在现场的直接管理层的经常性工作。现场督促往往同纠正错误连接在一起。在现场的班组长或带班长，发现问题后及时纠正效果最好，这是笔者强调建设骨干员工队伍的基本原因。

检查往往是分管领导、场长，甚至是政府管理部门的经常性行为。因为绩效挂钩，检查对生产的促进作用小于督促，有时甚至出现被检查者串通糊弄检查者的情况。所以，有了随机检查、不定期检查、突击检查等五花八门的检查形式，其目的都是为了获得真实情况。作为企业领导应当考虑的是如何保证检查的实际意义，尽量少搞流于形式的定期检查。

评比多是频率较低的带有综合考核性质的督促工作手段，包括对单位和个人阶段工作的总结考核，还包括对某一单项工作的检查考核，带有较强的竞争性。由于评比带有排名次、奖励、先进名额限制等奖惩机制，参评单位和个人都很看重评比结果。场长等组织者，应当精心设计评比项目、打分标准、考核方法等机制，尽最大努力保证评比结果的真实、公正、客观。反之，则很难发挥督促激励作用。

考核是管理层依据岗位职责对被管理者的德行、业绩、遵章守纪情况和工作质量，进行的阶段性综合检查鉴定。考核结果要进入档案管理，并同奖惩挂钩。被考核单位和个人对考核的重视程度更高。保证考核结果客观、真实、公正的关键,在于考核组的人员构成,一是应有直接管理层人员参加,并重视直接管理层的意见。二是注意直接关系人的回避和直接矛盾双方当事人的回避。三是考核结果同被考核人直接见面。尤其应当听取考核结果同日常表现有明显差异员工,以及对考核结果有异议的员工的陈述。

快乐的场长看重的是执行力,而执行力的高低取决于管理层工作的认真程度,取决于日常工作中评比、检查、考核的客观、真实、公平、公正。

想要做快乐的场长,就得在狠抓制度建设的同时,在管理层和骨干队伍的建设上多下功夫。执行力上去了,员工队伍的工作效率、工作质量就有了保证,企业的日常管理就很快走上有条不紊的轨道。

七、组织岗位技术交流

在后蓝耳病时代疫病复杂并且经常有病毒参与的背景下,一线员工实际操作能力的高低,饲养、管理、观察的水平和认真仔细程度,常常成为能否避免疫情发生,或者及时阻断疫情的关键因素。开展岗位技术交流,"一帮一""一对一"的现场教育,可以克服因年龄、文化水平和语言等因素带来的交流困难,可以因人施教,就地取材,就近教育,最大限度地发挥人才、场地、设备等资源优势,也可以减少人力和资金消耗。不仅场长和老板要明白这种做法的好处和重要性,副职和班子成员、技术人员也要认识到这种做法的好处和重要意义,从而形成管理层重视、全场员工积极参与的好氛围。

具体组织岗位技术交流时可从以下几个方面着手。一是分析本场各个生产岗位员工的技术水平,做到心中有数,因材而用,能调则调,尽最大努力保证重要岗位上有最多的高素质员工。二是针对各个生产岗位员工的技术水平差异,制定出"定位到人""定点到人"的"帮扶计划",保证目标岗位在计划的时间内达到预期水平。三是慎重选"师"。从技术水平、做人处事态度两个标准出发选师傅,选对人,确保选出来的师傅是"乐于助人"的技术高手。四是定期召集"帮扶师傅"和"被帮扶对象"座谈会,及时了解、解决帮扶中的问题,保证岗位技术交流的正常进行。五是采取一定的激励措施,奖励那些帮扶对象或徒弟的岗位操作技能有大幅度提高、按时完成帮扶任务的师傅。

八、设立全场卫生日和消毒日

快乐当场长的前提是猪群没有疫情,避免疫情发生的最根本措施是提高猪群抗病力和消灭病原微生物。及时清理粪便、确保猪舍卫生,可以清除85%以上的病原微生物,消毒则是杀灭有害病原微生物的最基本手段。总结30年规模养猪经验会发现,凡是生产平稳发展、没有重大疫情的猪场,都对卫生和消毒工作非常重视,不仅制度健全,而且执行到位。

全场卫生日就是除了饲养车间员工按照技术规程打扫卫生、实施消毒之外,还要求卫生日内,全场各个部门在规定的时间内共同行动,开展卫生大扫除活动。实现猪舍内外同步打扫卫生,同步清除病原微生物,提高卫生工作的实际效率。同样,到了全场消毒日,全场各个部门在规定的时间段内,同时开展消毒,形成猪舍内外同步消毒、同步杀灭病原微生物的整齐动作,创造并延长适于猪生长发育的局部微生态环境。

为了提高"卫生日"的实际效果,要认真组织,分段负责,按时完成。根据季节变化、天气情况适当调整,注意避开大风和降雨降雪天。冬春干燥多风季节,适当加大卫生日密度,清扫时一定要多洒水,以免扬尘。

全场消毒日除了要认真组织,分段负责,按时完成外,还应注意季节变化和疫病发生特点和流行规律,夏秋高温高湿季节和疫病流行季节适当加大消毒日的密度。并做到按照消毒方案对不同地段使用不同的消毒剂,按规定使用不同浓度的消毒液,严格执行消毒液配置比例和使用方法。做到每个消毒日后均采样进行消毒效果分析,确保消毒真实有效。

九、不断提高管理水平

猪场日常管理,小场在于管猪,大场在于用人。场长的工作,更多的是处理各项具体事务,是与人打交道。主要是协调班子成员或员工之间的关系,通过班子成员的有效工作指挥企业。

一个好场长,一是要有一个好身体,时刻保持饱满的工作热情和充沛的精力,这是工作的需要,也是全场员工的福祉。二要有足够的能力和才智。能力和才智哪里来?学习!向生产实践学习,向专家学者学习,向社会生活学习。三是要学会思考判断,善于借力行船。四是要沉着稳健,保持清醒状态,遇事分清轻重缓急，行事紧慢有致，当紧则紧，当缓则缓。必要时等等看，试着走。五是在具体工作中善于疏堵结合、抓大放小，为自己赢得学习、思考的时间，赢得孝敬爹娘、关心妻子、教育子女等的时间。抓住了这五条，或者说围绕着这五个方面去做，领导艺术会日臻完美，管理水平会日益提高，距离快乐就不远了。

愿所有的猪场场长都幸福，都快乐。

附件 1　统筹法及其在猪场的应用

统筹法是我国已故著名数学家华罗庚先生在 20 世纪 70 年代创立的一门应用科学。其实质是网络计划技术。

1957 年美国杜邦化学公司的 M. R. Walker 与通用电子计算机公司的 J. E. Kelly 为了协调公司内部不同业务部门的工作，共同研究出关键路线方法（英文简写 CPM），将此法用于工厂的维修，缩短了 47 个小时停工时间，当年取得节约资金百万元的效益。1958 年，美国海军武器规划局特别规划室领导人 W. Fazar 在北极星导弹潜艇计划中组建专门小组，将 3 000 项工作任务分解到 11 000 多家厂商，研制计划提前两个月完成。这引起了美国政府的重视，被应用于工业、农业、国防与科研等复杂的计划管理工作中，随后又推广到世界各国。1962 年核工业之父钱学森将其引入中国，首先在国防科研的电子计算机研制中应用，使研制任务提前完成，计算机的性能稳定可靠，随后，经数学家华罗庚的大力推广，终于使这一科学的管理技术在中国生根发芽，开花结果。

CPM 与 PERT 两种方法实质上大同小异，因此，人们把 CPM 与 PERT 及其他类似方法统称为网络计划技术，鉴于该方法具有"统筹兼顾、合理安排"的特点，中国人形象地称为统筹法。

例如：城际高铁的建设。项目批复以后，需要规划线路（0.5 年）、拆迁征地（0.5 ~ 1 年）、建设高铁线路（2 ~ 3 年）、安装电力线路（0.5 年）、购买数列列车（0.5 年）、列车试运行（1 年）等六大环节，如果依次进行，需要 6 ~ 7 年。当实行了统筹法，就可以在规划、征地、建设高铁线路的同时，考察洽谈购买列车，节约半年时间。就可以逐段拆迁、逐段开工，再节约半年时间。建设中开挖基坑、建设桩基、预制桥梁、碎石分别在不同场地同时进行,可保证高铁线路在两年内完成。甚至供电线路的铁塔也可以在其他场地预先组装,按预定时间吊装即可,再节省 1~2 个月的时间。连同试运行的一年算上,整个工期可缩短至 4 年。

在养猪行业,当人们手头资金充裕,打算建设一个猪场,有很多工作要做。如果不知道使用统筹法,一件一件地去做,将会耗费很多时间,工程质量也不一定理想。在市场经济条件下,养猪业还要受"猪周期"的制约,耗时过长的项目,搞不好建成后正好赶上低谷期,得不偿失。

例如:新建或改建猪场的立项需要 0.5~2 年的市场调查和可行性论证,又需要 3~6 个月通过有关部门的审批,3~6 个月完成土地平整、打通道路、架设供变电线路、通信线路和解决水源问题。进场开始主体工程建设 3~6 个月,之后是 3~6 个月的饲料加工储存工程建设,以及 3~6 个月的"三废"处理工程建设。还需要 2~3 个月考察种猪企业,确定供种企业后,引种观察又需要 1~2 个月。若不使用统筹法,一件一件地做,仅从通过审批开始,也需要 15~28 个月才能引猪进场投入生产。若使用了统筹法,就可以做到分工负责、相互衔接、多头并进。土地平整、打通道路同时进行,"电、通、水三通"同时开工,主体工程、辅助工程、环保工程同时开工。主体工程动工之日,即安排主管人员考察种猪场,商谈购买种公猪、母猪事宜,并在其他地点实施隔离观察。最短可在 3~6 个月完成所有建设工程,引猪进场投入生产。

显然,在猪场的经营和日常管理中,要做的事情很多,想办法在较短的时间段完成规划的工作,充分发挥人力、设备、资金的资源优势,是提高企业生产效率的一个重要途径。只要企业领导人学会了统筹法,并在经营管理中加以运用,这一切都不难办到,企业的生产效率和经营业绩就会明显提升。

附件 2 运用生态学原理管理猪群

在自然界,各种生物经过长期进化,都形成了自己的生活习性(包括生物学特性和生态学特性),借助这些生活习性,生物才能够逃避天敌,将物种流传下来。对于动物,这些与生俱来的习性和行为,通俗地讲就是天性。正是依赖这些天性,动物才能够适应各种恶劣的自然环境,不断进化,躲避天敌,得以生存。认识和掌握猪的生物学特性,是实施正确管理措施的前提。

一、猪的生物学特性

猪的生物学特性包括杂食性,常年发情和一胎多仔,欠发达的味觉和视觉,嗅觉发达,反应灵敏,较强的环境适应性,可塑性极强的肺脏,喜欢通风良好的干燥、洁净、阴凉环境,较强的记忆力,生物钟和生物场效应等。

（一）杂食性　在生物链中,猪处在较低位置。为了维持其生长和繁殖,猪有较高的能量需求,因而形成了较宽食谱的杂食性。其主食为高大乔木的籽实,如大枣、苹果、梨、桃、樱桃、桑葚、杏、柿子、核桃及橡子、松子、板栗等人类能够食用的鲜果和干果,稻子、玉米、小麦等粮食作物的籽实,猪也采食,但是猪不采食豆类和豆科植物的果实。为了补充蛋白质营养,节翅类、甲壳类昆虫,如蛐蛐、蝗虫、屎壳郎,小动物如老鼠、青蛙,爬行动物如蜥蜴、小蛇和蚯蚓,麻雀、喜鹊、灰喜鹊等小型鸟类,小鸡、雏鸭、雏鹅等家禽,蛋类(家禽蛋、鸟蛋、蛇蛋、蜥蜴蛋),只要能够捕捉得到,猪也采食。饥饿时,苔藓类植物、菌类,带有甜味的藤蔓类植物及其花卉,以及禾本科植物的嫩叶,均被猪采食。草本类植物的块根和蚯蚓,为猪最喜食食物,这或许是猪掘地天性的成因。

（二）常年发情和一胎多仔　家猪是由野猪驯化而来。野猪没有大象、野牛、河马那样庞大的体型和战斗力,又没有鹿、羚羊那样的灵敏反应和奔跑速度,因而容易受到肉食动物的攻击。为了延续后代,就形成了一年多次发情(多数在春秋两季)和一胎多仔的天性,从而保证了种群的延续。在家养条件下,这种天性依然被保存、利用和强化。春秋两季发情的野猪变成了常年发情的家猪,在断奶后 5 ~ 7 天时发情就立即配种,被称为"热配",成为提高母猪生产效率的一种手段。野猪每胎次生仔 3 ~ 7 头,断奶时剩余 3 ~ 6 头。家猪每胎次生仔 8 ~ 10 头,多时 16 ~ 18 头。

（三）迟钝的味觉和欠发达视觉　猪上下腭和舌头上味蕾为嗜甜味

蕾,对含糖量较高的带甜味的饲料特殊喜好,而对苦味、咸味、酸味、辛辣味饲料反应迟钝,是猪能够采食发酸、高盐、辛辣饲料的根本原因。位于头部两侧的眼睛使得猪能够观察到左右两侧的物体,由于额头和鼻梁的遮挡,在前方30厘米以内形成了一个30°的扇形视觉盲区,需要靠左右摆头来消除;同样,在后方由于躯体的遮挡,有一个60°的视觉盲区,所以,猪对于来自后方的物体反应剧烈,需要通过摆头、调整站立位置或姿势完成观察。

(四)嗅觉发达　非常敏感的嗅觉和较为灵敏的听觉,是猪反应灵敏的基础。据报道,狗的嗅觉是人类的1 000倍,猪的嗅觉是狗的3倍。也就是说,猪的嗅觉是人类的3 000倍。这弥补了猪味觉较差的功能缺陷,也为猪在野外生存时及时发现天敌和食物提供了方便。嗅觉方面最突出的特性是猪对尸胺及粪臭素敏感,这可能同野猪寻找动物腐败尸体补充蛋白质营养的习性有关。人类对猪嗅觉开发利用的典型例子,是用猪搜索毒品。

(五)听觉灵敏　猪的耳郭面积同体表面积的比例仅次于兔子,这是猪具有较好听觉的基础。立耳、凹面向前的耳型,表明猪对来自前方、上方的异常声音最为敏感,其祖先可能是生活在山地密林中,在防御地面敌手攻击的同时,还要预防来自天空或树上的敌手攻击。垂耳、凹面向下的耳型,对于来自前方、下方的声音较为敏感,其祖先可能是生活在平原荒漠或草丛中的野猪,敌手是地面和地下的爬行类或洞穴生存动物。由于较大的耳郭面积,同样分贝的噪声,与其他动物相比,猪接受得最多;同样是猪,立耳型的又比垂耳型的接受得多。也就是说,高分贝的噪声,对猪造成的危害最大,尤其是立耳型品种。

(六)较强的环境适应性　野猪不迁徙,表明其对环境条件的变化有较强的适应性。至少,春夏秋冬、风雨雷电这些自然因素对野猪不构成生存威胁。但是,小猪畏寒,大猪怕热,也是其一大生物特性。野猪和散养的家猪,其哺乳期仅仅依赖垫草、母猪体温、仔猪之间的相互取暖就不至于冻死,表明采食初乳后的仔猪对寒冷和热环境有一定的抵御能力。断奶后仔猪跟随母猪外出采食表明其已经能够耐受环境温度。至少,短时间的低温或高温已经不对其生存构成威胁。这种现象充分展示了猪对环境的适应能力。

（七）可塑性极强的肺脏　猪没有汗腺,体内多余的热量要通过快速呼吸排出体外,初生野猪仔落地后很快就能够追随母亲奔跑,使得肺脏得到了充分的锻炼,增强了肺脏的呼吸和散热功能,自然选择的强大作用使得猪有了这种特性。肺脏不仅是猪的呼吸器官,也是散热器官。猪的呼吸频率幅度极大,表明在猪的生命活动中,肺脏具有极大的可塑性。

（八）喜欢通风良好的干燥、洁净、阴凉环境　12～22℃的温度、50%～65%的湿度是散养猪生长发育的最佳温、湿度区间。不论散养还是圈养,猪会主动外出排便,从来不在睡眠区排便,从而保证睡眠区的洁净和良好空气质量。所以说,猪喜欢阴凉、干燥、洁净的环境。

（九）选择性记忆　猪对同生命活动有关的事物有较强的记忆力。家猪能够对3千米以内的村庄、道路、农田、河流或池塘、农户、圈舍,以及主人形成深刻记忆,对10千米以内的种公猪、配种站等重要位置也能形成永久记忆。较强的记忆力同发达的嗅觉的结合,构成了猪对生存环境的辨识能力。所以,猪对饲料、饮水点、采食点、饲养管理人员、管理行为等同生命活动密切相关的人和事物,能够形成深刻记忆和辨识能力。欧美等西方国家一些人,将猪作为宠物饲养,说明了猪的聪明程度。

猪的选择性记忆表现在对已经认知的事物不加辨别。如猪认知了土豆和红薯是多汁饲料,玉米可以采食,就大量采食。但是,受到冻伤或有霉斑的红薯或土豆、霉变的玉米,猪依然采食,进而发生霉变饲料中毒。再如公猪认知了发情成熟母猪的不反抗,记住了发情成熟母猪的尿液信号,就不加区别地交配,当人们使用发情成熟母猪的尿液喷洒在母猪模型上,便能够顺利采精。

（十）生物钟和生物场效应　同其他任何动物一样,猪具有生物钟效应。定时饲喂、定时开灯、定时清理猪舍和打扫卫生、定期消毒等有规律的管理活动,有利于猪睡眠、采食、运动、繁殖,同生物钟相互协调的管理,是制定管理制度时必须考虑的重要因素。

二、猪的行为学特性

目前有关猪行为科学的资料很少,这种基础科学研究的滞后,已经影响到规模饲养管理水平的提高,笔者依据自己的观察和有关学术著作和学术会议的资料,将同饲养管理有密集关系的 18 种行为学特性简介于后,希望能为提高我国规模饲养猪群的经营管理水平提供帮助。

（一）采食行为　健康猪采食是连续行为。采食干料和湿料时上颌紧贴饲料,利用下颌快速咬食摄入,舌头舔舐发生于采食剩余饲料,或吻突远端够不到的饲料。边采食、边咀嚼、边下咽、边呼吸,是采食干料和湿料的特征。采食稀汤料时,猪屏住呼吸,嘴巴伸入料槽底部,寻找并先行采食稠料或固体饲料,在搜寻和采食过程中徐徐呼气,在水面上形成连续气泡,直至需要吸气时方才停止采食,吸气后再次重复,直到将固体饲料采食完毕或基本吃饱才吸食稀水;当猪发现料槽底部没有稠料时,才开始自上而下吞食。

（二）饮水行为　猪会自己寻找水源,猪不像肉食动物那样偏爱流动的活水,池塘中静止不动的水,家养时上次未喝完的隔夜水,甚至浑浊,或者带有酸味、咸味的水,猪都能饮用。

猪对饮水温度要求不苛刻,0～30℃的水,猪都能够饮用。冬季 6～10℃、夏季 14～20℃,为猪最喜欢的水温。较低温度的冰碴水、融化的雪水,猪能够饮用,但一次饮水量较少。猪不喜欢 30℃ 以上的热水。当水温度接近体温时,饮水量明显下降;高于体温时,猪拒绝饮用。

规模饲养条件下,管道内带有铁锈的水,添加漂白粉或氯气的自来水,猪照常饮用。采食干料时,猪在采食基本结束时饮水,饮水后采食干料量为该次采食量的 5%～15%;当饮水位置不够时,猪会因抢夺饮水位置而打斗。

（三）睡眠行为　猪在长期的进化中形成了侧卧休息和睡眠的本能。早晨的 4～6 点,晚间的 6～10 点,为猪的采食、活动期间,其余时间猪以卧地睡眠度过。每昼夜深睡 2～3 小时,其余时间均为浅睡,深睡时部分肥胖猪会打呼噜。

在一个保育或育肥猪群,深睡总是交替完成,深睡猪是少数,浅睡猪占多数,并且有 1～2 头非睡眠状态的猪担任警戒任务,从而使群体处于警戒状态。不论深睡或浅睡,正常的睡眠姿势是侧卧,犬坐、蜷伏、趴地休息和睡眠,均为非正常姿势,有可能处于病态。

（四）排便行为　猪有定点排便的本能。育肥猪在睡眠区、游戏运动区排便为病态行为。站立排便，落地成塔，或者走动中排便，落地成条状，均为健康猪的正常排便行为。

不论公猪、母猪，均在站立姿势下一次性完成排尿动作，尿液清凉，落地后有少量很快消失的尿泡，并有明显的猪尿臊气味。间断排尿，排尿时弓背、凹腰、蹲后躯，均为非正常排尿行为。尿液泡沫过多、落地持久不化，尿液带色，或阴干后有明显尿痕，均为病态。

（五）认知行为　猪依赖灵敏的嗅觉认知，建立社会关系。初次接触的猪，通过相互接吻认知。

母猪通过与仔猪的接吻完成辨别，吻仔猪的会阴部往往是有疑问后的动作。一旦发现对方为其他窝仔猪，立即攻击、驱离。

公猪吻嗅母猪的阴部，多数同母猪发情有关。

对于发病猪，即使是濒临死亡猪，所有猪都会通过接吻示以关怀。

规模饲养条件下，串圈猪和某些染疫猪，可能由于排出的特殊气味，也可能是猪的特殊感知能力所致，大家会群起而攻之。

（六）性行为和性周期　国内地方良种猪 4 个月达到性成熟后就有性行为表现，国外品种猪公、母猪和规模饲养的长约（或约长）二元母猪，6~7 个月性成熟后会有性行为表现。

不论哪个品种，母猪的发情周期均为 18 天，发情持续期 1~1.5 天（个别青年母猪或病态状态下会持续 3 天）。

通常，母猪在出现发情症状 10~18 个小时排卵。发情母猪有减食、烦躁不安、频频跳圈、发出特殊叫声、爬跨其他母猪的异常行为。同时，其阴唇充血，呈现由轻微发红（初期）、鲜红（盛期）、紫红（短暂的排卵期）、粉红（后期）的周期性变化，期间伴有阴户肿大、阴门排少量清亮透明的条状黏液现象。公猪遇到母猪后，兴奋程度明显提高，多数在跑动中发出低沉的"嗯嗯"吼声，嘴角带有泡沫，接触时首先接吻，然后频频吻、拱母猪的腹部、阴部，当母猪站立不动时，即行爬跨，并在 10~15 分完成交配动作，交配完成后，多数公猪会围绕母猪转 1~2 圈后走开。聪明的母猪在完成一次配种后，能够记住配种点和与配公猪，下次发情时自己跑来完成配种。

母猪的妊娠期114天。妊娠期母猪喜欢安静,懒动好卧。妊娠前期母猪采食量猛增,增膘明显,被毛从颈部开始,逐渐顺畅、发亮;妊娠中期母猪阴唇大小和颜色形状回复至正常,阴唇尖部外翘,行动谨慎,卧地休息成为嗜好,对腹部的保护意识明显增强;妊娠后期母猪腹部隆起明显,行动更加迟缓,采食量较妊娠前中期有所下降;产前15日母猪乳腺隆起,乳头增大充盈(俗称"动奶")。产前2~3日,可从乳头挤出奶水(俗称"下奶"),产前6~12小时,部分母猪会出现奶水从乳头溢出现象(俗称"漏奶")。

从"下奶"开始,母猪的阴门很快充血肿大,髋骨松软,为分娩做准备。临产前母猪阴唇肿大为正常的3~5倍,采食下降明显,或停止采食,频频饮水、排尿。散养母猪会寻找稻草、麦秸、旧衣服,叼入圈内撕碎做窝,规模饲养条件下因无法嗑草做窝而显烦躁。分娩时胎儿头和前蹄先出,最先出生的仔猪会自动抢占最前方的乳头。仔猪依次产出后,母猪会吞食胎衣,并用吻突轻轻拱动仔猪,检查存活情况。对于站立困难的仔猪,母猪会轻轻拱动帮助其站立。正常分娩过程不超过2小时。相同的产仔数,时间越短,说明母猪体质越强壮。规模饲养条件下,由于饲料的单一、粗纤维不足,以及运动量不够的原因,母猪的分娩时间常在3~4小时。

(七)母性行为 母性行为主要是指母猪对仔猪的关怀、爱护、保护行为。母性强的母猪能够通过气味辨别是否是自己所生仔猪,及时驱赶猫、狗、家禽和非亲生仔猪,甚至咬伤、咬死非亲生仔猪。当仔猪患病有可能死亡时,会将其拱出圈舍丢弃。某些地方品种中母性强的母猪,为了保护仔猪,甚至攻击接近圈舍的猪、猫、狗、家禽和非饲养人员。也有些母猪不是那么排外,哺乳那些喷洒自己尿液的非同窝仔猪。饲养管理人员在寄养仔猪时,应当选择那些母性强但是不排外的母猪,并向所有仔猪和猪圈喷洒保姆母猪尿液或白酒、新洁尔灭溶液,掩盖异常气味,以及加强巡视等措施,避免咬死、咬伤事件的发生。

母猪泌乳期1个月,但产后第21日产奶量陡然下降,迫使仔猪采食饲料,以适应满月后无奶的生存环境。所以,21~23日,尽量减少刺激,是哺乳仔猪日常管理中必须考虑的因素。

第三章 快乐当场长

母性强的母猪 21 日后会主动训练仔猪采食。当哺乳不足仔猪追随哺乳时，多数情况下通过快步走动拒绝哺乳；发现新的食物后，母猪会在自己品尝性采食后发出连续的低沉短暂"哼哼"声，引导仔猪采食；而在"满月"前后，开始带领仔猪外出觅食。带领仔猪外出采食过程中，若遇到小动物攻击仔猪时，母性强母猪会主动出击，为仔猪逃离争取时间。

　　（八）位次效应　在一个稳定的群体内，存在明显的位次。强壮的个体在哺乳、采食、饮水、睡眠、进入和走出猪舍、运动等活动中，处于优先地位。保育和育肥猪群，位次的建立，往往通过打斗完成。所以，组群时应尽可能全同胞、半同胞组群，以减少打斗现象。必须由 2 窝以上组群时，后来少数个体应当挑选强壮个体，并要采取对全圈猪喷洒掩盖剂、加强巡视等措施，以避免打斗损伤。

　　（九）打斗、嬉戏和排异性　同窝仔猪在哺食初乳之后，即开始打斗。不过，这时的打斗，是相互间的拱动。到了补料期，同窝仔猪也会因为争抢饲料而相互啃咬。注意，打斗时咬头面部而相互嬉戏玩耍时拱的是颈下、腹部，咬的是肩部、臀部。保育期小猪的打斗最为频繁，公猪间打斗尤为激烈，其目的仍然是争夺位次。原地跳跃、追逐、爬跨其他猪，轻咬耳端、尾巴、乳头、尿鞘、外阴部等，均为游戏行为。育肥猪的打斗（相互攻击头面部）发生于并群的数日内，若并群 1 周后仍然频繁打斗，应从饲料盐分含量是否超标，光照是否太强或光谱不合适、圈舍面积狭窄方面查找原因。

　　（十）小集群生活行为　在规模饲养条件下，当数窝仔猪组成一个 50～60 头的保育群或 3～4 个保育群猪组成一个 180～200 头的育肥群时，打斗成为并群后必需的经过。尽管这种打斗主要在位次较高的猪只间发生，却仍然为猪丹毒、炭疽等通过伤口感染疫病的发生埋下了伏笔。即使在群内位次已经确定的情况下，仍然可见大群内的小集群现象。提示人们应当将控制猪群组群规模，作为生猪福利的一项内容予以关注。

　　（十一）胆小怕惊　在生态链中较低的位次，决定了猪必须在隐蔽安静的环境中生活，并时时处于警觉状态，以便随时逃避肉食动物、猛禽的攻击，这种天性被人们形容为"胆小怕惊"。家养条件下，外出活动的小猪群，听到异常声音时，常四散奔逃。大群猪在看到鲜艳服装的人，颜色鲜艳的鸟，马、牦牛、骆驼等没见过的高大动物，听到异常声音，常在站立观察后成小群奔逃。规模饲养条件下，圈舍内的保育猪、育肥猪，听到异常声音、发现奇装异服人员、嗅到异常气味，常在圈舍角落集群。这种集群效应，轻则导致减食，重则直接导致踩踏、挤压损伤。提示管理人员在饲养中应穿着工装，尽可能轻拿轻放，避免引发惊群、集群效应。

（十二）喜欢干净　猪是喜欢干净的动物。有水池时，猪知道下水洗澡，清洁身体。躯体肮脏，多数情况下是猪舍面积狭窄的原因。另外，管理中没有进行定点排便训练也是一个原因。其三，圈舍正方形或接近于正方形的设计缺陷，使猪难于辨识远近，也是导致排便区面积过大的一个因素。其四，猪舍建筑的施工顺序混乱，导致猪舍内形成大面积低洼的粪尿、废水聚集区，常常误导猪在低洼区内排便，形成大面积的粪便污染区，此类圈舍内猪群，四肢下部、体侧脏污明显。

（十三）固定乳头　仔猪有固定乳头哺乳的天性。初生仔猪会以出生顺序自然选择母猪前胸部位乳头，并且固定在一个乳头采食至断奶。如果不采用人工控制措施，弱小个体往往由于哺乳不足而发病或死亡。所以，利用此特性在接生时实行人工固定乳头，有利于提高断奶仔猪育成率和断奶仔猪体重均匀度。对于每窝生产12头以下，接生时实行人工固定乳头，有非常积极的作用。当每窝生产12头以上时，应该选择强壮个体寄养。

（十四）防蚊蝇　在长期的进化过程中，猪掌握了许多战胜天敌、适应环境的本领。野猪为了避免蚊蝇蟒虻的叮咬，选择在漆树上蹭漆，既保护了皮肤，又添加了保护层。家猪夏天选择在泥浆中滚动，通过涂泥巴、甩尾巴保护躯体，避免蚊蝇的骚扰。规模饲养条件下，人们将猪关进水泥圈舍中，断掉了尾巴，圈舍若未安装窗纱，蚊蝇攻击时猪只能被动挨打，受蚊蝇骚扰猪群的睡眠不足，也是集群饲养猪群体质下降的一个重要原因。

（十五）色光反应　光照研究结果表明，将光照由10勒增加到100勒时，母猪的繁殖率会大幅提高，新生仔猪的窝重增加了0.7~1.6千克，仔猪的发育明显变好，育成率提高了7.7%~12.1%。哺乳母猪如果在哺乳期内维持16小时/天的光照，可有效诱导母猪断奶后立即发情，提高"热配"成功率。建议母猪、仔猪、后备猪维持16小时/天以上的光照，照度 50～100 勒。

（十六）低温反应　成年猪有较厚实的皮下脂肪层,对低温的耐受能力较强。当环境气温低于 10℃ 时,猪通过加大采食量抵御寒冷;当环境温度低于 0℃ 时,猪在加大采食量的同时,相互紧靠躺卧,尽可能减少运动,以避免体热的散失。叠罗汉、扎堆见于 -10℃ 以下的极端天气,或者 0～10℃ 但有风的天气。0℃ 以上的圈舍内,出现叠罗汉、扎堆,往往是中热或高热稽留的病态反应。

（十七）高温反应　当环境温度达到 26℃ 以上时,猪自己寻找水管、钢铁漏粪板、通风口或潮湿地段躺卧,呼吸加快至 40～60 次/分,采食量下降。当气温上升至 30～32℃ 时,猪开始趴伏地面,表现烦躁,部分猪会长时间噙咬鸭嘴式饮水器,让其不停流水冲凉。33～35℃ 8 个小时、35～37℃ 4 个小时(限制活动 2 小时)、37～40℃ 2 个小时可使猪中暑,昏迷,直至死亡。

（十八）尖叫　正常情况下,猪只间的相互交流声为低沉短促的"哼哼"声,饥饿和寒冷时仔猪会发出有规律的尖细拖长 3 秒左右"唧——唧——"声,猪群个体间打斗受伤时会发出响亮短粗前高后低的"叽啊——"声。响亮、刺耳、拖音很长的"叽啊——"声,只有在活动受到限制时才可听到。群养猪群中听到此种叫声,多数为卡腿、跳圈时受卡、固定栏中掉头受卡等情况时的痛苦尖叫。

三、集群饲养条件下猪习性的新变化

从千家万户分散饲养到以大型猪场、专业户为特征的规模化饲养,养猪业饲养方式的转变对猪的行为、习性带来了许多影响。人们围绕提高生产效率的目标,运用现代工业的理念、成果和经营管理手段、科学技术养猪,已经取得了很大成就。但是,在此过程中,受经营理念、投资能力、资源限制、社会管理、市场经济体系不健全等因素的影响,我国早期规模饲养中因陋就简、土法上马的弊端日渐凸显,其突出表现是对猪生物学特性和行为特性的限制和扭曲。归纳起来,集中在以下几个方面。

（一）肺功能下降成为非特异性免疫力下降的主要原因　集群饲养—通风不良的猪舍—干粉料(颗粒料)和自动料仓—限制运动的无意

识组合,对肺脏和呼吸功能的负面影响,是群体体质下降、非特异性免疫力降低的主要原因。众所周知,在一定的空间内,居住的动物越多,其居住空间的空气质量越差。当几十上百头甚至上千头猪在固定空间内生活,其呼出的气体、散发的热量、生物场相互影响,相互干扰,需要通过空气流通加以克服。但是在生产实际中,猪舍建筑照搬了人住宅通风采光设计,窗口距离地面普遍在1米或1.2米以上,再加上砖墙隔离,造成了圈舍内猪生存空间空气流通阻滞或交换不畅。许多猪场的猪舍干脆就是利用旧仓库、废弃民房改造而成,但在改造时很少调整窗口高度,装猪后其空气质量恶劣是必然结果。雪上加霜的是在这样的猪舍中又采用了干粉料(或颗粒料)与自动料仓相结合的给料方式,料仓中干粉料(或颗粒料)的流动,抬升了猪舍空气中粉尘含量,为病原微生物的附着提供了载体,成为支原体肺炎泛滥等呼吸道传染病发生的先决条件。并且,在采食过程中,饲料粉尘直接进入猪的呼吸道,导致呼吸道疾患,严重的形成"尘肺病"。

猪没有汗腺,体内多余的热量要通过呼吸排出体外,肺脏不仅是猪的呼吸器官,也是散热器官。良好的肺脏功能,既依赖于先天构造,又有赖于后天锻炼,更依赖良好的空气质量。而存在设计缺陷的规模猪场和专业户普遍采用的简陋猪舍,空气流通受阻、交换不良,又受到粉尘污染,以及粪便中氨气、硫化氢的污染,猪舍小环境质量恶劣到氨气刺眼(50毫克/升)、刺鼻(20毫克/升)。限制运动又砍掉了猪后天锻炼肺脏的机会,先天赋予的可塑性无法发挥。所以,猪肺脏功能不是像散养那样随着年龄的增长而加强,而是逐渐下降。功能不完善的肺脏长期处于超负荷运行或病理状态,导致心脏每搏输出量加大而使其负担加重,继续发展则进入心脏搏动代偿性加快、心脏代偿性肥大的状态,随之而来的是消化吸收功能、免疫功能受到损伤。轻则导致生产性能下降,重则导致非特异性免疫力的下降,为疫病侵入打开窗口。这是规模饲养之后、猪群体质较差、病毒感染日趋严重的主要原因。

(二)防蚊蝇功能丧失　断尾、猪舍防蚊蝇设施缺失、水泥圈舍这三种现象在规模饲养中的无意识组合,使猪在晚春—夏天—秋天这个漫长时段内,面对蚊蝇骚扰,处于被动挨打地位,成为猪群睡眠不足和血源性疾病高发的根本原因。进化过程中,猪掌握了避免蚊蝇叮咬的办法。夏天,野猪蹭漆树,家猪在泥浆中滚动,通过涂漆、涂泥巴和甩尾巴,保护自己免受蚊蝇叮咬骚扰。但在规模饲养中,人们将猪关进水泥圈舍,无法滚泥巴,又断掉了尾巴,圈舍却不安装窗纱,蚊蝇叮咬,发生附红细胞体病、乙脑、弓形体等血源性疫病,是再正常不过的事情。

(三)空气传播疫病的发病率急剧升高 狭窄环境和舍内尘埃、废气,提高了空气传播疫病的发病率。在育肥猪圈内,猪只之间的位次明确,打斗和争抢采食行为发生的频率很低,只是在并圈时发生,尘埃进入育肥猪上呼吸道主要是在采食过程中。而在保育阶段,打斗、嬉戏和争抢采食频频发生,小猪活动提升了空气中尘埃含量,导致粉尘直接进入上呼吸道;另外,在争抢采食的过程中,饲料粉尘也直接进入上呼吸道。要命的是保育猪一直生活在这种环境之中,喷嚏、咳嗽已经不能有效地排出上呼吸道的尘埃,加上舍内氨气、硫化氢的刺激,那些体质虚弱的仔猪或保育猪、育肥猪,就会因支气管内积存附着有病原微生物的粉尘而出现持续性的咳嗽,或直接爆发支原体肺炎、伪狂犬、蓝耳病、口蹄疫、流感、猪瘟等可以通过空气传播的疫病。

(四)高密度饲养提升了猪丹毒等伤口感染疫病的发病率 猪丹毒、炭疽等病原菌,存在于土壤和粪便之中。规模饲养猪圈的地面多数已经使用水泥硬化处理,加上清粪机和水冲洗工艺的使用,许多规模猪场已经不考虑此类疫病,不再接种这两种疫苗。但是,近年某些规模饲养猪场,因圈舍内密度过大,打斗频率的升高,以及改用干清粪工艺,舍内粉尘的飘扬,使得病原进入伤口,或通过眼睛、鼻孔等处黏膜感染,发生了猪丹毒、炭疽等经伤口、黏膜感染疫情,是一种值得注意的动向。

(五)猪屎里没糠 对于四十岁以上有农村生活经历的人,"猪屎里有糠"是一个基本常识。野猪采食干果类、多汁的根茎类,以及禾本科植物的嫩叶,形成了对粗纤维的强大消化能力,家猪继承了这种天性。散养时,人们利用这种天性,用杂草、庄稼苗、谷糠、稻糠、豆腐渣、酒糟、红薯渣喂猪,生长速度虽然慢些,但是还能够继续生长,说明散养状态下的家猪能够选择性消化饲料中纤维素、半纤维素、多糖等大分子碳水化合物,对糠麸糟渣中的固化纤维素、木质素无法消化,只能作为充填剂利用。规模饲养状态下,猪采食配(混)合饲料,日粮中木质素、粗纤维含量很低,以至于现在的猪粪中见不到糠,"猪屎里有糠"成为奇闻。猪屎里没糠后,消化吸收省劲,猪长得快了,但是接踵而来的是猪的胃肠等体内脏器运动量的大幅度下降。体内脏器的运动不足,最直接的副作用是食物在消化道运行速度放慢,胃肠排空次数减少,多发积食、便秘等消化道疾病。对于母猪,还可因子宫、腹部肌肉的运动不足,导致产程延长、难产等产科疾病发病率的上升。生产中为了解决这些问题,经常见到专业户给怀孕后期母猪饲料中添加小米糠、麸皮等粗纤维含量较高原料,以锻炼胃肠和子宫、腹部肌肉。同样道理,当需要加快胃肠蠕动,或提高胃肠道排空速率时,可以调高饲料粗纤维含量,甚至给猪圈中投放净土让猪吞食。

（六）许多本该淘汰的弱仔得以存活　规模饲养条件下,产房和保育舍内相对稳定的温湿度和限制运动,使猪丧失了温度锻炼和塑造强大呼吸功能的机会,许多在野外或散养条件下被自然淘汰的仔猪得以存活下来,为保育和育肥阶段暴发疫情埋下了伏笔。好在现代科学研究已经证明,仔猪黄白痢是受遗传基因控制的疫病,可以通过育种、选种、选配予以控制,弥补了部分不足。

（七）乳汁中携带多种抗体　规模饲养条件下,由于在母猪妊娠期一次或多次使用了一种或数种疫苗,乳汁中含有一种或数种特异性抗体,从而使得仔猪通过哺乳获得特异性免疫力。猪的初乳期只有 3 天,出生 3 天内尽快哺食初乳,获得足够的初乳,是仔猪能否存活或育肥期是否健康的关键。然而,那些因各种原因导致免疫麻痹或免疫抑制危害严重而被迫采用"超前免疫"(又叫 0 日龄免疫)的猪场,由于接种疫苗后 1.5 ~ 2 小时内禁止哺乳,该批次仔猪已经成为场内的危险猪群,或暴发疫情的突破口。

四、生态学原理在猪的饲养管理中的应用及展望

（一）猪生物学特性的运用及其展望

1. 科学利用"常年发情、一胎多仔"特性　即使规模猪场把"提高生产效率"喊得再响亮,也不能忘记个体的健康是最基本的要求。所以,必须坚持以下"几个务必"。一是务必等待后备母猪体型发育成熟后再配

种。二是务必给繁殖母猪足够的产后恢复时机。三是务必坚持适当的每胎产仔数、育成率和断奶重指标(推荐的每胎产仔猪8～12头,断奶存活7～11头,断奶重6～8千克)。四是务必坚持逐胎次选择,及时淘汰劣质母猪。五是用产仔数、断奶存活数、断奶重、仔猪合格率综合评价母猪,控制适当的母猪利用年限。

2. 用生态学理念改造产房　产房是规模猪场基础设施的核心。科学与否不仅仅影响基建投资额度,更重要的是影响生产的稳定。

"大产房"成为猪群疫病孵化器,是业界的共识。所以,应坚决推行"小产房",取缔"流水作业"的"大产房"。

产房改造中应根据不同猪场产房面积、布局的实际,在有限的空间中,尽可能扩大产床面积,为哺乳仔猪的运动提供足够空间。

产床下设置散热管同"水母猪"的结合,可以提高热利用效率。

产房改造时高度重视通风换气,落实换气参数时,保证进风温度和质量。

后蓝耳病时代快乐养猪

3. 注重饲料形态　不论是从提高饲料利用效率,还是从发挥猪的生物学特性考虑,都应当改进目前的干料(包括干粉料和颗粒料)喂猪的饲喂方式。

设计猪日粮时,保持足够的粗纤维,足够的青绿、多汁饲料。

妊娠和哺乳母猪群采用水料(稀料),空怀母猪采用湿料(半干料)。

推行湿料喂猪,老场改造时,应注意创造育肥猪群利用湿料的条件。

4. 创新保育理念　保育阶段是个体终生各器官功能可塑性最强时期。所以,应从理念创新入手,不能简单、被动地提供温度、营养,而是结合后期育肥方式,在提供足够营养时,加强潜在体能的培养和开发。

保证足够的运动量和逐渐加大运动量,为后期的野外放养创造条件。

训练保育猪,使其形成对口令、音乐广播、野兽、野火、洪水的条件反射。

足够多的粗纤维,适应粗放的饲养环境。

适当的低温锻炼,为野外饲养时顺利越冬创造条件等。

5. 运用色光反应　运用猪对不同色光的反应,改进猪舍灯光和地面、墙壁颜色设计,为增强体质、提高生产效率创造条件。

6. 小群育肥　由于认知反应、位次效应、生物场效应等原因，打斗损伤、睡眠质量下降、免疫应答迟钝等过大群体的负面效应明显。所以，未来育肥猪组群时，两窝半同胞组群应成为一种趋势。

（二）猪行为学特性的运用及其展望　猪行为学特性运用的核心，在于让饲养工人熟练掌握猪的行为学特性的刚性模型。知道什么样的猪是正常猪，哪些行为是正常行为，为辨别异常行为创造条件。哪些现象是正常现象，及时发现异常现象。避免"卧地不起，拒绝采食、饮水"才知道有病的局面出现，为预防控制疫病中的"早发现"提供便利。

未来养猪场，对猪的行为学特性的掌握，应成为上岗培训的主要内容。或者说，不知道健康猪的刚性模型，不掌握猪的行为学特性，就不具备上岗条件。

（三）用生态学原理统领养猪业

1."雨污分离"是治理废水的关键对策　目前，猪场废弃物对生态环境破坏最严重的因素，是废水对地下水的污染。原因在于：首先，许多猪场没有废水处理系统，其生产污水直接渗漏或进入当地的排水系统。其次，一些猪场因废水处理能力同废水产量的不匹配，多余废水在雨季溢出进入排水系统。事实上，规模猪场废水是由猪的尿液和冲洗废水、生活污水三部分组成，采用"干清粪"工艺后，冲洗废水的产量会大幅度下降，少量的冲洗废水、尿液收集后直接作为肥料使用，即可消除对地下水的污染。然而，由于许多猪场设计时没有采用"雨污分离"工艺，致使大量雨水同污水混合，这才导致了"不匹配"和"溢出"事件的频频发生。所以，笔者认为，治理猪场废水问题的要害在于"雨污分离"，关键在于设计审核。单独收集的雨水，在猪场内可以作为中水循环利用，可用于冲洗，也可用于浇灌绿地和饲草。即使雨季超出收集能力，溢出后也不会构成环境污染事件。

2. 化解猪粪压力的出路在于资源化利用　猪粪导致环境压力的表象是规模饲养后猪粪产量的增多，直接原因是规模饲养后猪粪生产的均衡性同农田使用猪粪的季节性矛盾。按照全国18亿亩耕地，每亩地承载5～10头，年饲养量90亿头不会构成环境压力，至少不应该像现在这样严重，根本原因在于猪场分布的不均匀性和农田消耗猪粪的季节性。东部地区的一些养猪密集区和养猪小区,不到20平方千米的国土上分布5~6个年出栏万头的猪场,或者1~2个种猪场附带数百个存栏数百到数千头的专业户。这些地方的猪场,附近的农田受季节性因素影响,消耗能力有限,由于运输距离和价格的因素,单纯依靠农田消耗猪粪非常吃力,堆积的猪粪很容易在雨季外溢,是土壤、地表水、浅层地下水污染的隐患。

化解这一矛盾的根本办法在于养猪重心西移。一是充分利用中西部地区地势起伏、相对封闭、土壤容纳能力强的有利条件,有计划地将东部地区的大型猪场向中西部丘陵山区扩散,通过迁移扩散,减轻东部地区猪粪对环境的压力。二是严把规划设计关,原则上东部平原农区不再建设大型猪场和密集饲养区,新建万头猪场辐射10平方千米以上,有意识地控制猪粪运输距离。目前,国家应强制各个猪场建立具有防渗漏、防外溢功能的储粪场,开展猪粪的就近利用,并扶持密集区的大型猪场,组织猪粪再加工的科研攻关,生产粪砖、粪坯、营养钵等猪粪商品,以便于远距离运送,将东部地区多余的猪粪用于西部荒漠、沙丘的开发、改造。

3. 加强对不该成为问题的病死猪处理的管理　养猪过程中有病死猪是正常事件,病死猪处置的方法很多,难度并不大。进入流通领域的原因在于有法不依,执法不严,违法成本低使得一些投机分子铤而走险。随意丢弃的原因在于养猪人的文化素养低下,不知道随意抛弃的病死猪就是新的传染源,受害的首先是养猪户。同时,也同自由散漫习惯有关。所以,解决病死猪问题的办法在外部,加大宣传教育力度,同时加大执法力度。

首先,猪场内部首选的处置技术是将病死猪深埋于储粪场的粪堆中,通过微生物分解。其次,将病死猪尸体高温熟制后作为毛皮动物或肉食性鱼类的饲料利用,也是很好的办法。其三,直接将病死猪深埋于果树或高大景观树下,作为肥料使用。当然,对于患烈性病的猪尸体,应按照动物疫病防控部门的要求,就地进行焚烧处理。

4. 加快开发适合于国内运用的废气处理系统　收集猪舍废气压缩后,在出气孔安装带有滤网的自来水水帘溶解气态氨,或加装有吸附剂的空气滤网是基本的处理工艺,国外一些猪场已经采用,国内作为新技术处在引进消化阶段。最简单的工艺是将收集压缩后的废气,通过较高位置的排气孔外排,利用高空扩散。最为合理的工艺是将压缩后的废气作为气肥在塑料大棚内的叶菜田应用。

目前,猪场能够大面积使用的技术一是控制饲料的蛋白含量处在最佳水平,尽量不使用含蛋白质过高的饲料,避免因吸收不及而加大粪便蛋白质含量。二是在饲料中添加微生态制剂,提高蛋白吸收率,尽可能降低粪便的蛋白质残留。三是在猪舍内使用环境改进剂,通过吸附作用降低猪舍氨气、硫化氢、体臭。四是选择酸性消毒剂,造成不利于病原菌脲酶活性发挥的舍内环境,减缓粪尿中蛋白质分解形成氨气的速度。五是建立封闭储粪场,或者在开放储粪场的粪堆上覆盖30~50厘米的黏土或两合土,使猪粪处于封闭状态。

5. 加强内部管理即可解决的生物污染威胁 此类污染多因管理措施缺失或人为因素造成,控制应从完善管理措施着手。治理时应从辨识建群种、优势种开始,针对优势种、建群种的特性,选择消毒剂予以杀灭,从而帮助正常微生态系统的回复。

第四章
快乐的技术员

人生的道路是漫长的,关键的地方只有几步,咬咬牙、坚持一下,就挺过去了,就会有新的机遇、新的天地。

第一节
选对企业和老板

　　在市场经济社会,有资本的人多数会以资本运作作为获取社会利益的首选谋生手段。只有那些没有社会资源和资本的人,才会以出卖自己的体力或脑力劳动形式换取社会报酬,获得社会承认。在猪场做技术员的人多数是为了生存,并且相当一部分人把在猪场服务作为人生的一种过渡。有了实践经验、熟悉了行业圈子、获得了原始资本之后,许多人会走上自己创业的道路。

一、慧眼识珠找梧桐

　　"天上不会掉馅饼"。

　　我们生存的地球上,已经挤了 60 亿人,要生存,要生活得幸福、快乐,就必须努力奋斗。

　　不管你接受没接受系统的理论教育,只要年满 18 岁,你都已经是大人了,就是自然法人,应该踏入社会,独立自主地生活。记住,从此以后,你不仅是个自然人,还是一个社会人,有了法律赋予你的做人权利,要对自己的行为承担法律责任,当然也要承担法律赋予你的义务。

社会主义制度的建立，为我们开辟了一条到达理想境界的道路，而理想境界的实现，还要靠我们自己的辛勤努力。不努力，不付出，就没有收获。

社会主义市场经济社会是一个开放的社会，竞争的社会。若你希望独立生活，就应该勇敢大胆地迈出独立生活的第一步，到猪场当技术员，或者是从当饲养员开始你人生的奋斗历程。

（一）选择就业岗位　青年人走上工作岗位有三种情况，一是自己主动选择，二是父母安排，三是被动就业。

当你能够自己主动选择时，应当珍惜机遇，慎重选择。

作为一个畜牧兽医专业的大专院校毕业生，或是没有学历的有志青年，选择就业岗位时首先面临的抉择是工作条件、环境和报酬的多少。工作条件好、工作环境也好、报酬也很高，是最为理想的岗位，是人人都想获得的工作岗位。当然，这样的企业肯定也会根据自己的要求挑选就业对象，最常见的方式是招聘时的面试和测试。要想进入此类企业就业，自己得有真本事，顺利通过面试和测试时的激烈竞争。否则，只能是"镜子里的烧饼"，只是看看，不能充饥。

对于大多数青年人，面临的可能是工作条件、工作环境和报酬待遇三者有一项、两项，甚至三项都不理想时的选择。因为三者都很理想的企业太少，即使你很有才华，也不见得就能够如愿以偿。此时，根据自己的人生目标和基本条件选择就业岗位成为你抉择时必须遵守的准则。

第一，有真才实学，家庭经济条件也还可以，不急于就业，也不打算创业，那就等一等，慢慢来，或许在下一轮招聘企业中会有三者都很理想的企业。

第二，成绩一般、没有突出的特长，即使在新一轮的竞争中也没有胜出把握的青年，降低自己的标准，先就业是第一选择。

第三，家庭条件稍好的青年，可将工作环境和工作条件作为先决条件，薪酬高低放在第二位。有志于自主创业的青年此时更应该把工作条件作为首选因素，在基本建设和饲养管理等硬件条件较好企业内的锻炼，积累的是真正的经验，对以后自主创业会有帮助，而那些基本条件太差的企业，因为不确定性因素太多，积累的经验不一定是真经，在未来创业中不见得有用。

第四，家庭生活压力很大，对自己创业提供不了多少帮助的青年，多数应以薪酬待遇为首先考虑因素，养活自己是成家立业的前提。此时，年龄稍大的青年更看重的是薪酬待遇，年龄小一些的青年会考虑工作环境。正所谓"生存是第一需要""饥不择食,寒不择衣,慌不择路,贫不择妻"。

（二）考察猪场

就业前考察猪场,很有必要。

因为你要在这里工作、生活、成长,有的人甚至要将养猪作为终身事业,把在养猪行业做出成就当作人生理想去奋斗。也有一些青年是抱着"掘取人生第一桶金"的想法而来。不论哪种情况,有点头脑的技术员,在同养猪企业签订劳动合同之前,都应想办法考察自己所要就业的企业。

技术员考察猪场的内容很多,主要包括环境条件,猪场类型、规模和位置,场内布局,建筑物的设计是否规范、猪群品种和结构,以及老板的人品、企业的管理现状,员工队伍等。

第一,猪场的位置、布局等基本建设水平,以及猪场的种类和生产工艺等硬件,常常成为效益高低的制约因素,在浏览猪场简介时应多加注意。那些希望拿到较高报酬的青年尤其应当注意。

第二,猪场的管理机制和员工队伍素质,是各项技术措施能否落实到位的基础,有志于自主创业的青年需多加注意。在此应注意,这是一个可变因素。现代社会化大生产中,人是一个最不确定的因素,同时也是一个可塑性最大的因素。员工素质低下,可以通过教育、培训,逐步提高,你的加入很有可能就是一个契机。当然,你要有充分的自信和足够的交往能力,去化解员工之间的矛盾,团结员工、教育员工、凝聚员工。其实,这些也是一个高水平技术员的基本要求。

现实中,许多猪场之所以管理水平低下,就在于缺少一个懂管理的技术人才。若是选到了一个高素质的技术员,那是老板的福分。"千人之诺诺,不如一士之谔谔"。对于中小规模的养猪企业和专业户猪场,一个高水平技术员的作用,就相当于盛宴中的味精,有了这一个人,风生水起,全盘皆活,老板轻松愉快。缺少这一个人,工人纷争不断,老板手忙脚乱,企业却效率低下。

第三,猪场老板和场长的基本素质,是企业能否持续稳定生产、发展壮大的前提条件,有意于长期合作的青年更应高度重视。为人忠厚、讲诚信的老板和场长容易相处。有成就的精明老板往往都很挑剔,多数情况下是老板在考察技术员,自信心不足的技术员在考察的过程中很容易被淘汰。尖刻的老板不一定人品不好,但是你若没有忍辱负重的心理准备,相处时免不了要有碰撞。没有主见的老板把你看得很高，甚至言听计从，但是这类老板也可能对别人言听计从。所以，考察企业的过程也是择业者自我选择、自我决断、自我检验的过程。有得必有失，需要根据你自己的人生设计，权衡得失利弊，进而做出抉择。

如有可能，还应考察猪的品种品系、猪群结构，以及疫病防控设施和猪群的实际生产效率，以及企业的管理水平等因素。

人生的道路是漫长的，但是关键的地方只有几步，咬咬牙、坚持一下，就挺过去了，就会有新的机遇、新的天地。但是，连第一步都不敢迈出，那就只能在原地踏步，眼睁睁看着别人"千树万树梨花开""自家梨树不曾栽"。

二、自古凤凰不是鸡

也许到猪场当技术员不是你心目中的理想职业，但是，高中、职业学校，或者大专院校毕业后，只要你没有继续深造，就必须就业，必须寻找一项能够发挥你聪明才智和体能的工作岗位养活自己，迈出你独立生活的第一步。

许多技术员之所以频频失误，不是因为没有理论知识，不是不知道怎么工作，而是因为心不在焉，没有进入状态，心思不在工作上。留恋大学生活、痴迷花前月下、感叹怀才不遇、眼红公务员岗位等常见的毛病，根源是你没有转换角色、适应工作岗位，导致频频被"炒鱿鱼"。

"当一天和尚撞一天钟"。这是中国人做人的最低要求，连钟都懒得撞的小和尚是不会受师傅和兄弟们待见的。哪怕你只当一天猪场技术员，也得在这个岗位上干一天技术员的活，并且要干好。否则，就面临被辞退的风险。因为猪场同样面临剧烈的市场竞争，不可能长时间养无用的闲人。

人要脸，树要皮。活在世上，不管是干哪个行当，从事什么职业，都要勤奋敬业，才能获得行业内的认可。否则，就面临被整个行业淘汰的风险。现代社会传媒发达，信息交流非常迅速，你在行业内的表现，不仅会在本场从业的同行中口碑相传，也会在网络上、微信圈子内扩散。尤其是你表现不好，干了丑事、臭事，传播得更快。就是俗话讲的"好事不出门，坏事传千里"。所以，每个在猪场技术员岗位任职的工作人员，都要珍惜职业岗位，恪守职业道德，敬业务实，勤奋工作。

客观地讲，不论是在管理规范的大型猪场，还是在规模较小的专业户猪场,猪群管理、疫病防控、饲料调配加工等技术岗位,都有很多问题需要用科学知识和现代技术解决,都有很大的发展空间。关键在于你能否放下身段,同饲养工人打成一片,尽快实现由"天之骄子"到"有社会主义觉悟、有文化的劳动者"的转变,在于能否灵活运用所学到的课本知识,为企业解决生产中的实际问题。

雄鹰在蓝天上翱翔,潇洒自如,低空盘旋时,同样姿态矫健。怕的是你并不是真的雄鹰,而是家雀。

三、凤凰择木而栖,良臣择君而事

企业选择员工和员工选择企业,二者只是在机遇上平等。具体选择的主动权在就业压力不断加大的今天和未来,多数情况下操持在企业手中。但是,企业要想选到高素质的技术人员,同样需要练好内功。诸如企业的规模、效益、社会形象和影响力等外显要素,常常是局外人判断企业的参照。

后蓝耳病时代养猪,面临更激烈的市场竞争和更严峻的疫病防控形势,制胜的先决条件是人才,包括经营管理人才、育种改良人才、疫病防控人才等。此时,对于一个需要就业的青年来讲,先决条件是你自己是不是人才。不是说"凤凰爱落梧桐树"吗?现阶段许多地方的养猪业已经完成了千家万户分散饲养到规模饲养的华丽转身,大企业、好企业有的是,并且许多老板场长也都认识到员工队伍知识化、年轻化的重要性,尤其是那些知名企业,都在大力吸纳大专院校毕业生,关键的问题在于你自己是不是凤凰,做没做好思想准备。

要知道,机会永远只青睐那些有准备的人。

不想吃苦,期望自己一进入猪场就是高层管理人员,或者是只动嘴不动手的"白领"。有可能吗?你必须放下身段,先从生产一线干起。因为所有的猪场缺少的都是"穿上工装能干活,脱下工装能指挥"的能够解决实际问题的技术人员,纸上谈兵、出谋划策的人多了去了,哪需要四处撒广告到处招聘?再者,作为猪场的技术人员,若没有生产一线的经历,你学到的知识又怎么能够运用到生产实际之中呢?其三,从培养人才、造就人才的角度,你也需要这个经历。不到生产一线劳动,你如何获得一线生产的直接知识?要知道,生产一线的许多操作技能教材中没有,许多问题教授们并不知晓,从书本到实践有一个亲历亲验的衔接过程。连这一关都不想过、不敢过,或者过不了,技术员肯定做不好。其四，即使将来你成为真正的"只动手、只动嘴、只动脑"的"白领"，没有生产一线的经历，又怎能了解一线技术员工的想法和生产一线的实际情况，你能出"高招""实招""有用招"吗？所以，有人总结出"一个有事业心的教授，只要他在生产一线站上一万个小时，就肯定有发现，有创造，有成果"。同样，要想当一个好技术员，至少得有两三年的一线生产经历。

技术员在一线要顶班劳动，更要动脑筋思考，用自己所学知识审视一线的工艺流程、技术规范、操作规程，弄清楚为什么要这样？不这样行吗？更要站在企业的角度去分析和思考问题，有没有更好的办法？新办法投资高吗，安全吗，方便吗，合算吗？

技术员在一线不仅要跟班劳动，更要观察、学习、思考、琢磨一线工人的实际操作技巧，思考如何改善猪的生存环境，如何降低一线员工的劳动量，如何提高一线员工的生产效率，如何实现安全生产、文明生产。

技术员在一线要跟班劳动，更要学会同一线生产工人打交道，通过共同劳动中的交流，建立相互信任、相互尊重、相互支持的人际关系。

也许，作为一个技术人才，一生当中也只有这一到两年的实践机会，珍惜这个机会，利用这个机会，抓紧时间丰富自己，充实自己，干一番人生中从未干过的工作，听一些在学校里不曾听到的声音，学一些在课堂、书本上学不到的知识，吃一些苦，受一些累，会使你的世界观、人生观、幸福观更加贴近生活，人生追求上升到一个新的高度。反之，消极应付，马虎了事混日子，将自己混同于一个普通的饲养工人，你可能真就成为一个饲养员，或者很快被猪场辞退。就真正应了那句话，"今天工作不努力，明天努力找工作"。

当你辛勤付出、认真工作了，就会有收获，未等到场长找你，你就会找到场长阐述你的见解，提出你的建议。那时，是不是"凤凰"，一目了然。"是金子总要闪光"嘛。当管理层发现你是人才时，自然舍不得继续将你放在生产一线，因为每一个老板都清楚，没必要把人才放在生产一线从事简单劳动。需要注意的是不能急躁，不要盲目冲动，简单地同书本对照，或者照葫芦画瓢。更不能为了脱离一线，为了显示自己而出新招，而是要从企业的角度出发，提出切合实际又有实用价值的技术改进建议。

当你辛勤付出、认真工作了，也结合生产实际提出了自己很好的建议，未被采纳，说明你的建议不一定中肯，理论上有用但不一定能给企业带来效益。

或者不适用，或者你所在工段的技术改进无法同下一工段衔接等。也不排除企业因为种种不好明说的原因暂缓实施，或许真是遇到了庸碌无为的场长。此时，继续修改完善你的建议或方案，必要时请教老专家、老同志，或同老工人座谈交流，进一步修订完善。也可向更高一层表达。但更重要的是反思自己的工作积累，重新审视自己的思路，进一步修改完善自己的建议或方案。

需要注意的是要选择正当的渠道和恰当的方法，提交你的建议或者方案，这样做，可以避免因为某一个个人的因素阻断你的表达渠道。

若真是遇到了庸碌无为或者嫉贤妒能的场长，也不必灰心丧气，换一个地方照样能够发挥你的聪明才智。这一段人生经历中获得的知识和体会，在你以后的人生历程中，同样有用，同样有帮助。

第二节
学会沟通和交流

猪场技术员是一个职业岗位,就个人来讲,可能会在这个岗位上干数年,或十多年,或一辈子。就岗位从业人员讲,可能有老有少,出身各异,学历不等,民族、性别、性格各不相同,这是客观实际。要在这个岗位上做出较为出色的成就,面临许多竞争,甚至还要面临许多诱惑,这是正常现象。所以,要尽快学会同各色人等交流、相处,学会处理日常生活中的各类事项,进而营造良好的人际关系,为做好自己的本职工作创造条件。

一、诚以待人和洁身自好

技术员的工作岗位要求你必须学会同工人相处。

虽然饲养工人大多数文化水平不高,却是最容易相处的人群。你只要抱着"以诚相待"的态度,学会与工人相处并不难,同工人打交道就会变成简单容易的事情。当然,饲养工人也同样存在性格差异。有的人性格直爽、开朗,有话就说,事不过夜;有的人性格内向,寡言少语,只做不说;有的人脾气火爆,沾火就着,容不得别人半点瑕疵;有的人天生慢性子,干什么事都不慌不忙，慢慢腾腾；有的人江湖义气浓厚，为朋友敢于两肋插刀；有的人则私心很重，爱占小便宜，吃亏的事情绝对不干；有的人城府很深，说话滴水不漏，办事不显山不露水，按部就班，沉稳得当；有的人则急急慌慌，讲话时抢话头，办事情毛里毛糙；有的人有嘴没心，看见什么说什么；有的人则喜欢品头论足，拨弄是非；还有的人喜欢开玩笑，逗人取乐等。正所谓：人上一百，形形色色。

作为技术员首先要明白，这些饲养工人不管年老年少，也不管性格怎样，都是为钱财而来，把猪养好是他们的共同追求。否则，就没有奖金和红包。抓住了这个基本点，就找到了同工人打交道的切入点。因为他们管理的猪群，毕竟存在这样那样的技术问题，需要你去帮他们解决。所以，没必要畏惧，大大方方同他们交往，交往中坦诚相处，很少有人会有意识地排斥你。

后蓝耳病时代快乐养猪

与人坦诚相处，是你步入社会、独立做人的基本要求。但是，在技术员岗位上工作时，不能把"坦诚相处"和"简单粗暴"画等号。生活中有一种现象，越是心虚不自信的人，越要装得强大，越是社会地位低下的人，越怕别人看不起，越要面子。工人也是人，并且是最注重人格尊严的人。公共场合受到批评、指责，常常会使人非常难堪。所以，不分场合、不合时宜地批评工人，纠正工人的操作失误，尽管你是出于一片好心，但结果并不一定理想，有时还可能导致不愉快的争执。所以，给人面子，尽可能不让别人丢面子，是你在工作中必须注意的第一个问题。

"因人而异"不仅是作为企业领导用人的原则，也是技术员在日常工作中同工人交流时应当把握的原则。对于那些有一定文化程度、理解能力较强的人，简明扼要，讲清楚就行，过于琐碎具体的指点，反而会使对方感觉你这个人婆婆妈妈。而对于那些理解能力和记忆力都较差的饲养员，就要用最直白的语言（甚至是方言）和现场示范，讲清楚怎么做，先做什么，后做什么，干到哪种程度。对方不明白时要反复多次解释，不能有急躁厌恶情绪，更不能怕麻烦，嫌弃工人没文化、接受能力差。

工人中也存在不良之辈。遇到时记住，除了工作之事，尽可能少打交道，"大路朝天，各走半边"。因为"近朱者赤，近墨者黑"，同这类人搅和的时间长了，就有可能染上许多不良习气，何况他们还有可能瞄上你，若被瞄上，他们会想方设法拉你下水，一旦踏上贼船，上船容易，下船难，就毁了你的一生。

二、"与人为善"和"无辜中枪"

不论当技术员还是当工人,都要遵从"与人为善"的做人准则。

与人为善是做人的基本道德准则。怎么才能够做到"与人为善"？首先,要常怀感恩之心,常存感恩之念。只要你怀有感恩之心,生活就会变得阳光灿烂,思想方法就会变得积极主动,形成积极向上的心态,人生就会变得积极进取,融入人群、融入社会生活,就成为一种自然、简单的事情。就会常想别人曾经对你的帮助,常念别人对你的好处,感恩社会给了你成长、发展的机遇,就知道"成人之美"的乐趣,想办法帮助别人,奉献社会,你的人生道路会越走越宽。

其次,在考虑问题、处理事情时要学会换位思考。这件事情放在你头上,你会怎样想？让你去干,你会怎样干？然后再想一想对方去干时会怎样干,可能干得怎样,有什么困难。会使你的心胸更加开阔,思维更加活跃,建议更容易被别人接受,制定的方案或计划更加周密完善,更加切合实际,实施起来更容易成功,工作更有成效,在领导和同志之中的威望也就与日俱增。

其三,记住别人对你的"好",不仅是感恩之心的具体表现形式,更是你踏入社会后与人交往的座右铭。生活中许多人常犯的错误是只记住了某个人的"坏",却忘记了那个人对自己的"好",或者是"帮助你 100 次你忘了,那一次未帮忙你记得清清楚楚,并且记得非常牢靠"。若你有感恩之心,会换位思考,你就会想那个人一直对我很好,为什么突然对我"坏"起来了呢？就会反思自我,从自己身上找原因,进而分析人家对你是否真的就"坏"。就会想到那个人一直对自己不错,这次未帮忙可能是有什么其他原因,保不住人家也有自己的难言之隐呢。凭什么人家对自己的请求就得百分百地答应？从而使自己处事更加理智、聪明,朋友越交越多。反之,就会不断丢失朋友,越走路越窄。

社会是复杂的,生活是多面的。

对于刚刚踏入社会的年轻人,在坚持诚信待人、与人为善原则生活的同时,还得学会受委屈。生活中甚至会发生"无辜中枪"的事件,就是你同对方没有利益纠纷,也没有利害冲突,但在别人的利益纠纷中,你稀里糊涂地成为牺牲品。就像"天上掉馅饼"这类低概率事件,它偏偏发生了,然而掉下来的不是馅饼,是陷阱,并又恰巧掉到了你身上。所以,老年人教育年轻人时常说:"远离是非之人,远离是非之地。"这是过来人的人生经验,应当汲取。当你看到前进的道路上有沼泽泥潭时,绕过去是明智的选择,在沼泽地跳跃草墩虽然也能过去,但是要冒掉进沼泽的风险,同绕道相比,哪个代价更低,哪个合算,你自己应当明白。

相信你听到过"委曲求全"这个词。笔者的体会,人生中的委屈,无法说大小,也说不清楚哪些"委屈"是应该忍受的,哪些是不应该忍受的。这要因人、因事、因时而定。把握的关键是"求全"。如果你受过"委屈"后能够求到"全",那就忍受。当你认为受到"委屈"求不到"全",或者"委屈"和"求全"的成本不成比例,不值得忍受,不容忍受,"是可忍孰不可忍",那就不要忍受。不过,笔者还是劝大家有点雅量,不是有那句话,叫作"宰相肚里能撑船"!能撑船的一层意思是宰相的肚子里装的东西多,再一层意思就是肚量大,能够隐忍,能够忍受常人所不能忍受的屈辱。连一点委屈都不能承受的人,往往会走向人生的极端,平时与人相处也就会有许多麻烦和困难。因为你芝麻绿豆大

的亏都不能吃,"睚眦必报",别人会感觉你像刺猬一样难于接近,朋友少,无知己,遇到需要相互协作、相互帮助才能完成的工作时,你几乎没有什么号召力。作为一个技术员,最好不要养成这种习惯。换位思考,你就会明白"因果相报""吃亏是福"隐含的深刻哲理。所以,作为猪场技术员,首先应该想的是如何"远离是非之人和是非之地"。其次,在受到冤屈或无辜中枪时,辨析一下是非,掂量一下轻重,然后根据自己的实际情况,决定是否忍受。无关工作或人生大局的小委屈,或者小人物对你有意或无意的误伤、伤害,都可置之不理,或者一笑置之。也许,这就是人们常说的"大智若愚"。

三、"恪尽职守"和"持之以恒"

"是金子总会发光的"。

对于刚刚走上猪场技术员岗位的一个新人,不论年纪大小、学历高低,首先要做的是放下身段,同一线工人打成一片,共同生活、共同劳动,尽快熟悉生产一线的工作环境。而不是指手画脚地指挥工人,也不是出成就。只要你在生产一线认真工作,在劳动的过程中有了足够的自然积累、积淀,用你所学的专业知识去渗透、审视、领悟,升华后自然就硕果累累。反之,那些轻浮急躁的

人,急于出成就,却难以拿出有分量的成果。

猪场技术员的本职工作因场而异。

别以为自己是技术员,就只负责技术工作,别的工作都是分外之事,干一点其他工作都亏得不得了。现实中,只有在大型规模猪场,才有较为细致的明确分工,可能是畜牧技术员,或者是兽医助理。更多的中小型猪场,则是将你作为技术和行政事务管理人员使用,不仅要求你拥有足够的畜牧知识和操作技能,具备足够的兽医知识和操作技能,甚至还要求你拥有足够的管理知识和技能。这种客观现实明确地告诉你,要想在这个场内干下去,获得这份报酬,就必须跟随猪场的需要,不断拓宽视野,丰富自己的知识,熟练掌握实际操作技能,甚至学习你未曾学过的管理知识,从而逐渐充实丰富自己,适应岗位工作,满足企业的需求。事实上,不论你毕业于哪所院校,学的是哪个专业,参加工作之后,都有一个再学习、再充实的过程,因为学校里面的课程设置,是从大多数企业的岗位需要出发,无法也不可能满足所有企业的需要。作为技术员自己,埋怨学校课程设置不合理无用,帮不上自己一点忙,只能是徒增烦恼。最好的办法是找资料、拜老师、加班加点,补充知识,尽快完成从象牙塔中"天之骄子"到养猪企业"有社会主义觉悟有文化劳动者"的转变。

在工作中多吃点苦,多干点活不是坏事,"吃亏是福"。一个人若一事当前,先替自己打算,不考虑工作需要,不顾别人感受,不替别人考虑,别说老板、领导看不上你,周围的同事也会同你渐行渐远,慢慢地成为"孤家寡人"。所以,无论哪个企业,都要提倡奉献精神,无论哪个岗位,都要求敬业奉献。老话"小孩勤,爱死人""仁人出门,小人吃亏",讲的就是这个道理。

"恪尽职守"要求技术员在技术岗位尽职尽责,为企业的正常运行提供保障,还要求技术员在自己的岗位上做出优异成绩。"同工人打成一片"、补充知识,都是履行岗位职责需要,都是为了较好地完成岗位任务。而要做出出色成就、成为行业内的佼佼者,还需要结合自己所在企业和岗位的实际,自己的特长和优势,以及行业内的突出问题、技术关键,去谋划奋斗目标和方案,然后在工作中一边保证基本职责的落实,一边按照自己的人生计划逐步落实。

"恪尽职守"的底线是奉公守法,严格遵守场内各项规章制度,胜任岗位职责,圆满完成领导交给的各项基本工作和临时任务。

有事业心的人"立大志、立长志",并为志向的实现,持之以恒地不断奋

第四章　快乐的技术员

斗,不是庸庸碌碌,更不是随波逐流。

当你锁定了人生目标,就要为实现人生目标持之以恒地不懈努力。

四、沉默是金

工作中多做少说,沉默是金。用事实和成就说话,是最有力量的发言,最能够打动人的发言,最能被别人信任的发言。当然,在工作的过程中,在取得成就的奋斗中,你的才华和人品道德自然会得以展示。

即使为了了解情况,尽快建立融洽的人际关系,在闲暇时主动参与别人的聊天,作为刚进场的年轻技术员,或者一个有点年纪的新人,应当以听为主,多听少说,只听不说。偶尔的插话,也是为了引导别人讲话,而不是自己滔滔不绝地显摆。

"言多有失",闲聊场合会听到多种奇闻趣事,也会听到一些人议论是非。记住,闲聊时听别人讲历史典故、天文地理、风土人情、时代风云、异域风情、奇闻趣事,都未尚不可,只要你有时间,"听"和"聊"的过程是你丰富知识、开阔视野的大好时机。对于议论本场的历史事件的闲聊,只要时间允许,听听也无妨,但应注意少插话;若有人在议论现实中某个个人的是是非非时,最好找借口离开,实在走不开,你就缄口不语。

另一种需要沉默的是在工作中无意或有意接触了核心机密,如企业管理机制、企业文化、核心群档案、疫病档案、主要原料购买渠道、财务报表、人事档案等核心机密,应当三缄其口,自觉为企业保密。即使你已经离开了猪场,在保密期内也不得泄露。这是企业员工职业道德的起码要求,也是为了幸福快乐生活的基本准则,因为你的有意或无意泄密,会使企业遭受重大损失,轻则会受到责任追究,重则可能会使自己成为泄密案件的被告而遭到起诉。

还有一种情况需要技术员三缄其口。就是当你的领导之间意见不一致发生争论之时。聪明的技术员会在领导聊到工作时,主动选择打开水、洗工具、整理行装、上厕所等理由回避,做到不该听的不听。因某种原因无法离开现场时,主动找一点工作,或者三缄其口。有时候,装聋作哑、装傻充愣,也可能是你临时应对的最佳选择。

五、灵活变通

灵活变通的前提是你对现有规章制度有不同看法,是在你提出改进意见后企业决定采纳但尚未公布改进措施的短暂时间内。否则,任何规章制度执行中的变通,都是对场长、经理权威的挑战,都会给自己的工作、生活招来麻烦。所以,执行规章制度时的灵活变通是猪场技术员的大忌。

灵活,只是在规则允许范围内的尺度把握。

变通,是在特定情况下、特定环境中,为了保证完成涉及企业重大利益的工作任务时的临时行为。谁做出决定,谁就要对这种变通负责任,不是万不得已,不是处在现场指挥位置的技术人员,最好不采用。时间允许的话,应向上级汇报,是否采取变通措施,要听从上级的决定。采用变通的办法完成任务后,不论是自己拍板,还是上级的决定,也不论任务完成得是否理想,都要立即向上级汇报。如果任务完成得较为理想,汇报时不要突出自己;当变通后虽然完成了任务,但是效果并不理想时,要勇于承担责任,讲清楚当时为什么要采取变通的办法,怎样做才会达到更为理想的效果。

六、天上从来不会掉馅饼

尽可能多地侵占空间、抢夺资源,是所有生物的天性。植物是这样,动物是这样,微生物也是这样,人类同样是这样。但是,作为一个在文明社会生活的人,应当知道并不是所有的天性都可以随便发挥,要自觉限制自己的天性,使自己的行为符合社会规范,符合社会道德。否则,人们将视你为异类而疏远你。

君子爱财,取之有道。勤劳致富,不劳动不得食,不付出就没有回报,是社会生活的基本规则。当然,这里的劳动,既包含体力劳动,也包括脑力劳动。这里的付出,既包含直接劳动付出,也包括间接劳动付出。如智慧付出,技术付出,资本付出,占有权、使用权、继承权、专利、版权、名誉权付出等。

尽管是一个猪场技术员,在生活和工作中也同样要面临许多诱惑,金钱、美女、名利、地位等。面对诱惑,要坚守自己的道德底线,不取不义之财。要知道,天上从来不会掉馅饼。现实生活中,当你平白无故地接受了别人的馈赠,你就授人以柄。"吃人的嘴短,拿人的手短",你接受别人的无偿馈赠之时,就是你在馈赠者面前丧失独产人格的开始，当对方一旦提出请你帮忙的要求，尽管你知道对方从事的是不正当之事，你也难以理直气壮地拒绝。因为，从你自己的心灵上，已经输给了对方。这是社会生活中贿赂犯罪频频发生、难以杜绝的根本原因。所以，在青少年教育中，非常强调"不占小便宜""贪小便宜吃大亏"。作为一个有远大抱负的有志青年，不但要做到不贪占小便宜，还应当不断锤炼自己的人格、品德，自觉抵制各种诱惑，做到不亢不卑，不贪不义之财，不干非法之事。正所谓大丈夫"威武不能屈，富贵不能淫"。

一些聪明人，喜欢投机取巧。其实，人类的大脑容积都不差多少，智商高的人无非是知识装得多一点，经验记得多一点、牢一点。就社会生活的利益追寻法则而言，大家遵循的是一个法则，既然能在社会中生活，谁又会连这一点都不知道。无非是聪明人脑子反应得快一些。那些脑子反应慢的人，只是在处理问题的现场没有明白，让你讨了便宜，过一段时间人家还是会想明白的。你要了小聪明，占了别人的便宜，当别人明白过来以后，若是小损失，人家可能嗤之以鼻，一笑了之，但是以后同你交往时就会有戒心；若是大损失，人家会找你讨公道，要损失，甚至在追讨损失的过程中形成对抗、对立。不管哪种结果，与人相处时要小聪明的行为，都是得不偿失。所以，古人说："小胜凭智，大成靠德"。从长远看，从幸福的人生看，人与人相处，聪明人学着笨一点，尽量别要小聪明，少投机取巧，才能取得别人的信任，哄托起人气，笼得人心，真正成就点事业。笨人自然要学聪明点，免得老是吃亏上当，追着别人屁股讨公道。

第三节

提升自身能力

万里长征是一步一步走过来的,高楼大厦是一砖一瓦盖起来的。

从技术员做起,干好本职工作,是你实现人生目标的第一步。怎样才能当一个好技术员?不同的人会告诉你不同的内容。但是,一些共性的建议对你会有参考价值。笔者想要告诉你的有如下几点。

一、积极的工作态度和扎实的理论基础是事业成功的保证

横看成岭侧成峰,
远近高低各不同。
不识庐山真面目,
只缘身在此山中。

宋代苏轼的《题西林壁》许多人耳熟能详。但是又有多少人想过自己的人生也是在"山"中,生活了一辈子,也不见

得就真正认识自己的真面目。不是像郑板桥题写的"难得糊涂",而是"糊涂一生"。尘世之人之所以千差万别,之所以只有少数人成功地实现了自己的人生追求和梦想,其根源就在于人生是否清醒,活得是否明白。

清醒的人明白自己的家庭出身和社会地位,知道自己能干成啥,不能干啥,没有非分之想,不干徒劳无益之事。而是锁定自己的人生目标,围绕目标的实现因时而定,顺势而行,不懈努力。所以,他们有积极的人生态度,孜孜以求,不断进取。

有积极的人生态度的猪场技术员会有积极的工作态度。有了积极的工作态度,才会把猪场当作自己的家,将技术员的岗位工作当作自己的事业,认真负责,不断进步。

(一)将猪场当作自家的猪场 诚然,猪场是老板的,不是你的,可能也不是场长的,更不是饲养员的。但是,你必须把它当作是自家的。因为只有这样,你才会尽心尽力,才会认真负责。而积极主动、认真负责、尽心尽力,正是你干好本职工作的前提。现实生活中,一些技术员之所以对工作敷衍应付,看到问题睁一只眼闭一只眼,解决问题时不动脑筋,不想后果,其根本原因就在于缺乏事业心、责任心,没有把猪场当作自己的家,缺少积极的人生态度。这种人,猪场技术员干不好,换到别的岗位,同样也干不好。

(二)把所学理论知识运用于生产实践 不管规模大小,性质如何,每个猪场都面临许多问题,都有自己的难处。技术员若能设身处地替猪场考虑,及时发现问题,提出恰当的解决建议,不仅场长、经理感谢你,老板也会记住你。这对于一个刚刚参加工作的技术员,是非常重要的。所以,一个有才能、有人生抱负的技术员,进场后必须尽快熟悉岗位工作,了解猪场,在适应岗位、完成任务的同时,开动脑筋,勤于思考,用自己掌握的知识审视岗位工作,审视猪场生产,发现问题,并结合猪场实际情况,提出自己的看法和建议。这是对猪场负责,更是对你自己的人生负责。浑浑噩噩混日子,是对工作和自己人生不负责任的表现。

千里之行,始于足下。思考问题、提出建议,应首先着眼于你的岗位工作。因为不论你志向有多大,肚子里知识多么多,作为一个技术员你掌握的基本素材有限。总不能为了展示自己到处打听其他岗位的情况吧。与其不了解情况,蜻蜓点水,不着边际地议论,不如运用自己掌握的理论知识,将自己熟悉的岗位工作分析透彻,那样,得出的结论更贴近实际,更为恰切有用。盲人摸象、不得要领的建议,多数没有实际意义,甚至会使人觉得你只会夸夸其谈,认为你是纸上谈兵的酸秀才,或者是滥竽充数的南郭先生。

（三）到什么山上唱什么歌 猪场不论规模大小,也不论设备的先进与落后,提高饲料报酬,提高育成率,以最低的成本生产出尽可能多的合格或者优质商品猪（或种猪）,是老板始终不变的追求。但因为定位、规模、性质和装备的差异,猪场内的工作环境会有很大差别。作为技术员,一旦你选定了这个猪场,这个猪场就是你这一阶段事业和人生的平台。记住,你在这个平台上展示才华的过程,是为企业创造财富和利润的过程,你的建议和创举,只是维护和装点平台,而不是大修,更不是大拆大建,那是场长和老板考虑的事情。

接触到的一些技术员,常常在抱怨猪场内这个地方不规范,那个地方不正确,甚至抱怨老板这也不懂,那也不懂。可能这些都是真的,问题在于这些技术员没有摆正自己的位置。老板什么都懂,还要你这个技术员干什么？不规范、不正确有什么危害,如何规范,怎样做才正确,规范了有什么好处,正确了能给猪场带来多大收益,需要多少投资、多长时间、多少人力,是否影响日常生产、产品质量,对安全生产和环境有什么影响,这些问题,你自己都没有搞清楚,怎么让老板、场长下决心？要知道,每一项技术改进,每一项管理措施,一旦出台付诸实施,都需要真金白银,都是实实在在的投入,老板、场长能不考虑投入产出比？换了你是场长,这一连串问题不搞清楚,恐怕也不会轻易就答应。

所以,作为一个技术员,能否发现问题是一个层次,那是你专业知识功底所决定的。发现问题,能否提出建议,又是一个层次,这既受理论基础的制约,还取决于你是否有积极的人生态度。至于你提出的建议是否中肯,是否切合实际,又是一个层次,就要看你的理论功底、人生态度、适应能力,以及思考问题的严谨程度,是否真的将猪场的发展当作自己的事业。

（四）扎实的理论基础需要向书本学习,更需要向实践学习 技术员学历的不同,决定了学习侧重点的差异。学历低的技术员既要补充理论知识,也需要从实践中学习;学历高的技术员主要是补充实践知识,这是教育体制和制度设计的缺陷所决定的,怨不得技术员个人。

生产实践的现实需要的是能够解决技术难题的专业技术人才,同时也是能够带领工人执行技术规程的专业技术管理人才，而后者正是不同学历层次的毕业生所共有的短板。仅就专业技术知识的需求来看，猪场内的畜牧技术员若掌握一些兽医基础知识，兽医技术员若掌握一些畜牧基础知识，才能初步胜任岗位工作。所以，要达到优秀的水平，必须在工作之中勤于学习，一方面补充短缺的理论知识，一方面向生产实践活动学习，并根据生产实际需要拓展自己的知识面。谁最先认识到这些，并在实践中身体力行地做，谁就最先完成从大学生向技术员的转变，实现凤凰涅槃。

二、培养良好的工作习惯

作为一个猪场技术员，每一次手术，每一次扑灭疫情，都是一次战斗。

当你是战斗员或突击队员时，战斗中要发挥最大的战斗作用；当你是侦查员的时候，要尽可能多地收集准确情报；当你是指挥员的时候，要想着每一场战斗都要用最小的代价、牺牲，换取最大的胜利，追求最完美的战役结局。

全面、真实、详细的第一手资料是正确分析决策的基础。技术员在治疗疫病、设计饲料配方、设定选择差等技术工作中，首要的任务是从现场收集第一手资料。此时，采样的代表性、真实性成为最为关键的因素。有事业心、责任心的技术员，会想方设法保证收集信息真实可信。获得第一手资料后，应对来自各个方面、各个岗位的资料，依照性质分门别类归纳处理。此环节，敏锐的观察力，是你能否发现关键线索、是否漏掉有用信息的前提，基础知识扎实、临床经验丰富的技术员，往往亲自动手。要想知道梨子的味道，必须亲口尝一尝。有真本事的技术员，多数是深入现场收集第一手资料，亲自动手整理基本素材。

猪场技术员现场观察、辨别、处置能力的高低，取决于知识的积淀，包括知识面的广博和足够的深度。从这个角度看，技术员现场观察、判断能力和处置能力的高低，取决于大学期间和工作中的专业技术知识积淀，尤其是基本理论的学习。因为，只有那些熟练掌握专业技术知识的技术员，才能够做到胸有成竹，及时发现临床病变、正确鉴别临床症状、准确捕捉有用信息。

（一）确定了科学的解决方案，问题就解决了一半　猪场日常管理中有关技术问题的解决，通常是由数位专家共同商讨后的集体决策。在大型的规模饲养企业，尽管是集体讨论，最终总是要由一个人拍板，这个人多数情况下是老板或场长本人，或者是总畜牧兽医师。但是在小型猪场，更多的是技术员拍板。

技术员拥有指挥和决策拍板权时，制定解决方案时不能仅仅从技术角度出发，要遵循"企业和工人利益，眼前和长远利益，局部和整体利益"三兼顾原则。素质较低的老板更加重视眼前利益，当技术员拥有拍板权力时，应当克服这种毛病，别忘记兼顾长远利益。譬如发生疫情后淘汰痊愈猪，行情不好时老板可能听你的，行情上扬时就舍不得了，就需要你替老板下决心。此时，你若忘记兼顾长远利益，让这些猪继续待在群内，就为再次发生疫情埋下了隐患。这就需要你想出一个既能保全痊愈母猪，又不能让这些带有隐患的母猪感染新进后备猪的方案。

（二）办实事、干成事，是你在技术员岗位站住脚的根本，在养猪行业的立身之本　站住脚，立住身，只是迈出了人生的第一步。当好技术员，不忘人生目标，围绕人生目标持之以恒地坚持下去，才能成就属于自己的事业。所以，要有长远的人生计划，才会有明确的阶段目标，也就是常说的"树雄心、立大志、立长志"，而不是"常立志"。在这个人生阶段，必须解决好三个问题：在实践中不断充实自己，保持良好的心态和健康的身体，处理好长远目标和眼前工作的关系。第一个问题在本节第一部分已经阐述，仔细阅读就可以明白，保持良好的心态在本章第二节第二部分也已述及，此处重点谈第三个问题。

不论哪个老板和场长，都喜欢在本职岗位上敬业奉献的技术员，"红杏出墙""吃着碗里、看着桌上、想着锅里"的技术员，不仅场长经理不喜欢，你周围的工人也会害怕你，疏远你。所以，雄心大志不是让你挂在嘴上，更不能到处招摇，而应该藏在自己心中，更加努力地干好本职工作，在埋头实干、敬业奉献中，一步步地向人生目标前进。

（三）认真思考，谨慎决策　技术员在决策时应当像战役指挥员一样，要认真思考，谨慎决策，从最坏处打算，往最好处努力。

其实，在工作和生活中，不论处理任何问题，都要养成心平气和、认真思考、谨慎决策的习惯。那种信口开河、随意决策的行为，往往达不到预期目的，有时甚至漏洞百出，造成严重的损失，是企业家的大忌，也是有决策权力的技术员的大忌。

（四）骄兵必败　取得成就的时候，情绪亢奋，是人类共有的生理特征。

但是,作为有拍板权力的技术员,应当保持清醒的头脑,要学会调整自己的情绪,控制自己的情绪,使自己处于理智状态。保持清醒头脑的基本要求是怀有一颗平常心,明白干好工作是自己的职责,是自己应尽的义务和本分。干好了一件事,只是完成了一项任务,还有新的任务等待自己去完成,新的困难等待自己去克服,这样,不论别人怎样议论,怎样赞美,你都不会沾沾自喜,忘乎所以。政治家也好,军事家也罢,历史上因骄傲而失败的例子不胜枚举。骄兵必败,是前人无数血的教训的总结,万不可不当回事。

（五）失误常常是由粗心大意造成的　现代社会的各种经济活动都要利用社会资源,都要求参与的人员相互配合,密切协作。成功育肥一批猪,有赖于场内各个环节工人的认真工作和密切合作。办好一个猪场更需要全场所有人员尽职尽责地工作,任何一个环节的失误,都有可能导致出现重大事故。许多时候,操作中的失误已经表现得很明显,只是由于技术人员或者管理者的粗心大意,没有得到及时纠正,以至于发生累积效应,最终导致"千里之堤,毁于蚁穴"。所以,作为技术员,不管你是否拥有决策权,也不管你是在哪个岗位,要想保证不出纰漏,必须抛弃麻痹大意、马大哈的陋习,养成认真细致、一丝不苟的工作作风。

（六）注意细节,细小之处的失误往往酿成大祸　制定方案和解决复杂技术问题时,要留心细节,细微之处的失误往往是大祸的根源。比如美国哥伦比亚号航天飞机失事的事件,新闻报道中明确指出,爆炸的原因是因为操作人员粗心引起的电路故障。分析许多现代养猪企业的猪群黄曲霉毒素中毒事件,人们都心知肚明,除了极少数小型农户猪场的老板,因为吝啬、不懂专业,而有意识地将霉变玉米添加进饲料中以外,规模猪场的事故还不都是人为的责任事故？原因不外乎收购时不细心,收进来了霉变玉米;保管储存中不细心,导致了霉变;加工时不细心,将霉变饲料原料误作合格原料投进了粉碎机;饲喂时不细心,将混有霉变成分的饲料投进了料槽;巡查时不细心,未发现剩余几天的霉变料。这么多环节,如果有一个环节认真负责,都可能避免事故,免疫抑制的危害也不至于如此严重。再如猪圈建设时,如果在工序设计时标明"先做地面处理,后垒运动场的隔墙";审查中稍加细心,将忘记的标注补充进去,有坡度的地面哪还能存得住废水和猪尿。然而,恰恰是工序设计和审查时的粗心大意,导致施工中先垒猪圈墙,后做地面处理,在猪圈地面（室内和运动场)形成了坑洼,积存废水和尿液,饲养中污染猪的躯体,为猪丹毒、炭疽等通过粪尿、土壤为载体,经伤口传播的疫病提供了感染机会。

三、迎接挑战,积极向上

> 自信人生二百年,
> 会当水击三千里。

在现实生活中,又有几个人能活到 200 岁。

对于一个出身于平民家庭的猪场技术员,要想实现自己的理想,改变人生境遇,过上幸福生活,就必须珍惜时光、珍惜生命,在有限的人生中,发现和抓住机遇,把握和利用机遇,奋发图强,只争朝夕地努力奋斗。同样,对于那些有事业心的高学历技术人员,要想干成一点事情,成就一番事业,也同样需要珍惜时光、抢抓机遇,努力奋斗。

(一)"学以致用,学用结合" 互联网时代的最大特征是信息传播速度快,人们处在各种有用或者无用的信息甚至是假冒伪劣信息的包围之中。如果你不加区分,见到信息就收集,见到知识都去学,可能会使你目不暇接、眼花缭乱,不仅要耗费时间和精力,还可能使你陷入毫无实际意义的忙碌之中。所以,学习时一定要坚持"学以致用",选择那些同你的工作、生活密切相关的知识和信息,并要注意辨别信息的真伪、知识的可信度。

"学用结合"是提高猪场技术员学习效率的捷径。因为在工作中遇到问题时的学习,目的明确,是为了解决问题而寻求知识,不像在学校为了应付老师、应付考试,此时的学习不仅容易理解,而且记忆深刻。当然,从干事创业和未来发展的角度,你应当在弄清楚、记准确的同时,还要在实践中试着运用,把问题真正搞透彻,也要顺便掌握解决此问题所涉及的相关知识。

(二)走出中西医结合的误区 中西医结合的最大误区是简单地用西医的理论来认识、解释中医,肢解中医的理论和方法,以及用西医的方法来分析中药成分,然后按照西医理论去勾兑、使用中兽药。

中兽医理论和西方兽医理论的最大区别在于西方兽医是通过现代科技细分动物体结构,查找病变部位和病原,然后运用对抗的方法去解决问题。中兽医则是运用中医"天人合一"和"中庸之道"来解决问题,讲究人和环境的统一,动物和环境的统一,人和动物的和谐统一。辨证施治,对症下药,热则寒之,寒则热之,同样是感冒,有风热感冒、风寒感冒之异;同样是热,有心热、肺热、胃热之分,用药截然不同。透过表象看症结,使用的是纠正帮扶之法。要想真正实现中西兽医的有机结合,可以从门脉循环着手,认识中兽医的"有病没病,胃肠搞定"的精深博大。从胚胎形成机理、过程,认识"先天在心,后天在脾"和"脾在中央,灌溉四方,五脏六腑,皆赖其养"的提纲挈领。

在规模养猪的过程中,一些人试图把中兽药运用于疫病防控之中,可惜的是对中兽医知之甚少,简单地照搬了西方兽医的理论,尽管运用了现代科技的定量分析技术、分子生物学技术、电子计算机技术,但解决问题的路途依然遥远。所以,临床你可以见到黄芪多糖在大量地运用,可是猪的气血依然不足,体质仍然很差;金银花或者其提取物绿原酸大量添加,家畜群病毒病依然未见减轻。类似的例子说明,中西医结合的要义在于以中兽医理论统领疫病的诊断和辨证分析,决定处方组合,西医在这个过程中只能是帮助深化、细化、定量。譬如在众多的临床症状中运用计算机技术、统计学的方法寻找众数,挑选主症状;用定量分析的方法研究不同地域中药材,同一株中药材不同部位,不同季节收获的中药材,不同炮制方法处理后的中药材的有效成分含量,为临床使用提供依据和帮助。而不是肢解中兽医理论,更不是化验成分后的提纯累加。

（三）风险和挑战

甘蔗没有两头甜,任何机遇都是风险的孪生兄弟。

面对机遇,首先要做的是评估风险,评价抓住机遇的难度,以及自己捕捉机遇的能力和条件,看看是否值得捕捉,能否捕捉到。然后才决断是否捕捉,怎么捕捉。虽然猪场技术员在生产一线工作,但是面临的机遇和风险依然是多方面的,可能是良心谴责、道德危机,也可能是触犯法律法规,或者是伤及亲情、友情,或者要有经济利益损失。有的危害是眼前的,有的危害在未来岁月中显现。所以,必须坚守自己的道德底线,眼光放得长一些,远一些。

对国家和民族兴盛有利、对企业发展有利,也对自己有利的事情,应当尽力抓住,积极去干,想方设法干成。对国家和民族兴盛有利、对企业发展有利,但是对自己可能没有眼前利益的事情,应该尽力促成。有利于国家和民族兴盛,对企业没有明显的利益关系,干成后可能给自己带来巨大收益的事情,也应该想方设法干成。若只对国家和民族的发展兴盛有利,对企业和个人既没有眼前好处,也没有长远利益,你还能够坦然地谋划完成,那你就是一个值得社会尊敬的大德大义之人。

不利于国家和民族,也对企业有不利影响,只对自己有好处的事情,千万别干。

对企业和自己有好处,但是损害国家、民族、公众利益的事情,不干。

对企业和自己没有好处,并且损害国家和公众利益的事情,只有傻瓜才干。

有时候,不是简单的对谁有利无利,而是相互之间发生利益冲突,尤其是当国家利益、民众利益和自己的私人利益发生冲突的时候,能不能为了国家和公众利益而果断舍弃自我利益,是对你人格、人品的测试和考验。一个胸怀宽广、眼光长远的人,会以国家和民族的利益为重,勇于担当,为国家的发展、民族的复兴、子孙后代的幸福,坦然做出自己的牺牲。正是这些中华民族优秀儿女的奉献和牺牲,中华民族才得以历经挫折,克艰历难,自立于世界民族之林。

（四）智取和死拼　愚公移山讲的是一个决心、一种干劲、一股不达目的誓不罢休的精神。具体到生活中一个个具体问题的解决,仍然需要开动脑筋,想办法以最小的代价换取最大的胜利。闷头死拼、死磕的办法不是好办法。什么时候要死拼? 一是当你的生命受到威胁的时候,不死拼就无法生存了,"与其束手待毙,不如放手一搏"。再就是在你成就的某一项事业的关键时期,不死拼就可能前功尽弃,所以,要尽其所能,奋力一搏。这就是通常说的"拿得起,放得下,关键时候冲得上"。

（五）责任和担当　做出了抉择,就要为你自己的抉择担当相应的责任。逃避责任、不敢担当的人,一生将一事无成。回首人生的时候,只是懊悔和无奈。

"向前,向前,向前,
我们的队伍向太阳。
脚踏着祖国的大地,
背负着民族的希望,
我们是一支不可战胜的力量。
……"

不管你是不是军人，这首气势恢宏的中国人民解放军进行曲都会使你心潮激荡、热血奔涌。这是歌曲的力量，更是军队的魂魄所在。心想百姓、情系人民的军队有一种强大的精神寄托，每一个成员都知道为谁而战，为什么而战，所以，生机勃勃，所向披靡。作为一个新时代的猪场技术员，同样，有了人生抱负，有明确的人生奋斗目标，不管在哪个岗位，哪怕是工作在最不起眼的猪场，生活在最基层的饲养员岗位，只要有了精神寄托，生活就有了奔头，就会慢慢充实起来，性格逐渐变得开朗，生命必然会丰富多彩。

一个人只要抉择了，奋斗了，活得明白，活得有意义，活得有价值，生命之树就会郁郁葱葱，自然会结出最为丰硕的果实。

一个朝气蓬勃、积极向上的猪场技术员，怎么能不快乐呢？

附件 1　优选法及其在养猪行业的应用

后蓝耳病时代快乐养猪

已故数学家华罗庚，是我国最先把数学理论研究和生产实践紧密结合的科学家。20世纪70年代，他创造性地将毛泽东的《实践论》同数学方法论有机结合在一起，应用于国民经济领域，筛选出了以改进生产工艺和提高产品质量为内容的"优选法"。对当时的国民经济建设发挥了巨大的推进作用，直至今日，仍然在发挥着作用。为了提高猪场的技术水平和经济效益，作者在此予以简介。有兴趣的猪场老板、专业户主和技术人员，可阅读原著。

许多人嗑过葵花子，许多猪场里使用过葵花子粕。

但是，你观察过向日葵的花盘吗？围绕向日葵花盘的一周有多少花瓣，多少花瓣朝向太阳，多少花瓣朝向另一边？

有人观察过、研究过，发现向日葵花有89个花瓣，55个朝一方，34个朝向另一方（$55/89 = 0.618$）。

向日葵花瓣的实例告诉我们，要细心。只有细心观察，才能发现共性的东西，才能发现并总结出规律。同样，数字在华罗庚的眼里，也有规律。

为了说明什么是优选法，先看一组数字：

$1,2,3,5,8,13,21,34,55,89,144,233,377\cdots\cdots$

若你有兴趣,可以一直写下去。因为,这是一个无穷数列。像中国古代数学家发现的"一尺之棰,日截其半,无穷匮也"一样!

有什么规律吗?

有。从第三个数开始,后一个数字是前面两个数字的和。

你也可以写分数:

1,1/2,2/3,3/5,5/8,8/13,13/21,21/34,34/55,55/89,89/144……

从第三个分数开始,分子是前一个的分数的分母,分母是前一个分数的分子、分母之和。

若换算成小数,对应如下:

1 1/2 2/3 3/5 5/8 8/13 13/21 21/34 34/55 55/89……

1 0.5000 0.6667 0.6000, 0.6250 0.6154 0.6190 0.6176 0.6181 0.6180……

一直写下去,你会发现你写的小数越来越接近0.618。

数学家法布兰斯发现0.618是个非常奇妙、神秘的数字,也是非常有意义、有价值的数字。之所以神秘是源于传说——法布兰斯观察金字塔的灵感:从任何一个方位观察都可以看到金字塔的3个面,金字塔有8条边、13层,高度和底面积的比值是0.618。用现代人的说法,是法布兰斯痴迷数学的结果。

奇妙的是相邻两个数字,用前一个除以后一个的商,无限接近于0.618。

$$1-0.618=0.382$$

$0.618/0.382=1.6178$,约等于1.618。

1.618是0.618的倒数。

经济界人士将0.618,1.618这组数字称为"黄金分割率((Golden Section)"。玩股票的朋友们对这个黄金分割率崇拜极了,许多人都是在依照这个规律追股市。

简而言之,在所有生产领域,"优选法"就是用数学的方法,优化、选择出最简便、经济、实用的试验方法。掌握了这种方法,可以减少试验次数,节约大量的时间,当然,也节约资金。这是"优选法"应用范围迅速扩大,并且长盛不衰的根本原因。

如果将优选法应用于养猪生产,同样能够达到减少试验次数,节约时间,节约经费,减少投入的目的。例如,在养猪生产中,仔猪睡眠区最佳温度的设置。若不使用优选法,就得一个一个温度点去测试。若使用了优选法,就简单多了。

猪的平均体温是39.1℃,生长适宜温度区间是12~22℃。初生仔猪刚离开母体,当然是越接近母体的温度,越有利于存活,但是,不利于适应环境温度。

设计实验方案时可以选择39.1×0.618 = 24.1℃,和12×1.618 = 19.4℃两个温度点开展试验,看哪个温度点存活率高。当试验后知道24.1℃温度点的存活率高于19.4℃温度点,就放弃12~19.4℃区间的温度不再试验。再做19.4×1.618 = 31.4℃温度点的试验,用31.4℃实验结果同24.1℃的试验结果对比。当发现31.4℃的实验结果优于24.1℃的结果时,不再考虑19.4~24.1℃温度区。当用24.1×1.618 = 38.9℃时,知道这是一个接近母体的温度,没有试验的必要。说明34.1~38.9℃的温度区间为初生仔猪的最佳温度区间。到底以多少度开温呢?

38.9 − 34.1 = 4.8℃

34.1 + 4.8×0.618 = 37.07℃,就是最佳开温温度(下限温度同两个最佳温差值与0.618的乘积之和)。

总共做了19.4℃、24.1℃、31.4℃三次实验,就寻找到了最佳开温温度。同从12℃开始,逐一温度点的27次试验相比,减少了24次。

猪场之间存在具体的地理位置、地貌特征,猪舍建筑布局、结构,饲料来源、配比,品种品系的差异,存在管理水平的差异。管理中简单照搬别人的指标数据,往往达不到理想效果。所以,只能是参考,必须通过在本场内的试验,寻找、总结适应本场具体情况的指标数据。一个管理科学的猪场,事实上是在持续不断地探索、寻找各项具体管理措施的最佳数据指标,从而实现生产效率的持续提高,稳步提高。

掌握了这个方法,在你的养猪生产中,你可以尝试运用于断奶日龄的确定、开料日龄的选择、脱温日龄的设定,以及饲料中某种原料的最佳添加量的选择,不同阶段猪群的最佳组群数量、清粪次数,甚至不同环境温度下通风时间长短等。

后蓝耳病时代快乐养猪

当然,本文只是举出了大家最容易理解、接受的简单例子,若想运用,建议你最好还是通读原著。

附件2 猪场技术员应聘注意事项

怎样应聘才能走进猪场? 或者说,应聘时怎样做才能获得较高的评价?

一、仔细阅读招聘资料

一般的招聘信息应包括企业简介(企业的规模、性质、位置、历史和荣誉)、计划招聘人员的岗位种类和各岗位职数、对招聘对象的基本要求(年龄、性别、学历和专业以及政治要求)、薪酬待遇、时间安排和行走路线。也有的招聘公告因各种原因,内容相对简单。

应聘者在阅读这些信息时一定要认真细致。因为,企业在招聘人才时,就像雄性孔雀一样,是在展示自己的华丽,以吸引应聘者。有时候的一字之差,包含的内容可能会同你的理解相差十万八千里。夸张、隐喻等修辞手法常被应用,含糊其词、模糊其词、偷换概念等也不鲜见。当然,从企业角度,这也是对应聘者的一种测试,看你能否准确理解招聘广告的内容。所以,对理解不透、拿不准的内容,应当通过电话沟通。在准确理解广告内容后,再决定是否应聘。

需要注意的关键点包括:企业业绩的夸张,劣势的隐喻,薪酬和福利的含糊其词。

二、认真填写应聘书

按照招聘广告要求准确填写应聘书,是你决定应聘后的重要工作。这里,首先提请注意的是一定要按照招聘企业的要求填写。因为,达不到要求的应聘资料会在审查的第一关被剔除。例如:要求你写一个200字以内的个人简介,你却认为200字不足以反映自己的业绩,偏要写200多字,对不起,审核的第一关你就被淘汰了。

其二,填写表格式应聘书时,一定要准确用字,忌讳使用模棱两可的语言,忌讳使用容易引起歧义的汉字或单词。同时,应保证表格的干净和完整。

其三,运用电脑打印的应聘书,应按照要求拷贝最终稿,以便于招聘者存留。

手工填写非表格应聘书时,应注意字体工整,格式规范。

不论是表格式应聘书,还是手写应聘书,封面签名和日期均应规范工整。行书、草体签名在应聘书等存档资料中,尽可能不用。

其四,个人简历和业绩介绍要实事求是,不得夸大,更不得隐瞒。那些无法证明的业绩最好不填写。因为审查中你提供不了证明材料时,很容易造成审查者的错觉,认为你做人不诚实。而诚实是所有招聘单位对应聘者的起码要求。

三、积极应对笔试

规模较大的企业一次招聘人员较多时,会采用笔试加面试的办法。通过笔试分数线淘汰部分不合格者,以保证招聘人员的质量,同时减轻工作量。所以,应聘人员应以积极的态度,做好笔试准备工作,以获得较好的笔试成绩。

准备的内容包括:分析招聘企业的规模、性质,预判对应聘者知识面和知识量的要求;分析应聘岗位的工作内容,预判对应聘者专业知识和专业技能精度、深度的要求,进而筛选、收集复习资料进行复习。

别以为自己是大学毕业生,对方只是一个养猪企业,就趾高气扬,马虎应付。要知道,坦途上马失前蹄的事时有发生,小河沟翻船也不稀罕。要以参加高考、公务员考试一样的姿态参加企业招聘笔试。包括:准时参加笔试,遵守考场纪律,按时交卷等。事实上,笔试的过程,也是应聘者个人基本素质的展现过程。谁知道,考场是否全程录像,或者那些监考人员中有几个就是招聘企业的老板或者人事主管。保不准人家设计的笔试,并不是要看你的笔试成绩,而是通过笔试,考察你的个人素质和人品,你的迟到、早退、大声喧哗、作弊等不良行为,可能是你被淘汰的根本原因。

四、从容面试

面试是应聘的最后一关。有时候,规模猪场在岗位用人不多时,或专业户猪场的招聘中,唯此一关。

应聘时,应聘者首先应该放松自己,做到仪态大方,行为自然。具体注意事项包括:

1. 衣着整洁,干净整齐　穿衣不在贵贱,关键在于干净、整洁、得体。在到专业户猪场应聘的时候,穿着名牌服装,甚至可能会给招聘考官"公子哥"的错觉,导致应聘失败。

2. 语言文明,谈吐得体　语调高低要看应聘场所的房间大小,过高过低都不妥当;语速适中,应确保对方能够听得清。尽量避免结巴、重复,不得带脏字。

3. 举止稳重,落落大方　自然、温和地平视主考或提问者。环顾左右、仰脸望天和低头看地,会给人以不自信的感觉。

4. 仪态端庄,温文尔雅　挤眉弄眼、抖肩颠脚和搓手、摸脸、抠手、拽衣服、抖腿等小动作,都可能给你的面试成绩带来负面影响。特异的发型、怪异的动作、纹身和另类的服装,在文化艺术行业可能无所谓,养殖行业的许多面试考官会觉得不顺眼而降低你的印象分。

其次,应尽量使用普通话。当使用普通话有困难或可能影响自己的思维时,也可以考虑使用当地方言。此时,一种比较好的方式是二者结合。即:自我介绍时使用普通话。进入答辩时段,征求主考的意见,在主考同意的前提下使用方言,以免因语言影响自己的思考,确保答辩的准确性。

其三,注意面试场景。即:应试者一旦跨过现场入口,就开始进入面试程序。桌边的废纸,歪置的报架,凌乱的文件夹,翻倒的垃圾筐等,可能都是招聘方的有意设计。包括你进门时不小心被门槛绊了一下、台阶闪了一下,都可能进入录像而成为讨论内容。

其四,回答问题时简明扼要,条理清晰。每一个问题回答结束时说明"回答完毕"。拿不准的问题可以不回答,或直接回答"拿不准"。用无把握的答案"瞎撞",是面试的大忌。因为有时候面试人员提出的就是错误的问题,意在考察应试者的诚实度。

其五,结束面试时,应向主持人询问通知面试结果的时间、方式,必要时可记下联系方式。

其六,退场同样要稳重大方。

第五章
快乐的饲养员

　　员工要做明白人。明白你的基本条件，你有什么，想干什么，能干什么，在企业想达到什么目标。人生理想是什么，近期目标是什么。把这些东西弄清楚，你才不至于懵懵懂懂地活着，也就是常说的活得明白，做明白人。

爱岗敬业是企业对饲养员的基本要求

猪场是什么,是养猪的地方。

为什么养猪,为了赚钱。这一点多数人都明白。注意,首先是老板要赚钱,然后才是场长经理、技术员和饲养员赚钱。并且,老板还要赚大头。

所以,在养好猪这一点上,饲养员和老板,饲养员和场长、经理,饲养员同技术员,大家是一致的,是一个利益共同体。

当饲养员,从你进到猪场的那一刻起,就应该明白这一点,就应该烂熟于心,并把"好好养猪""把猪养好""养好猪"作为你在猪场思考问题、处理问题的最高原则。

一、考察猪场

技术员和饲养员都要考察猪场,但是考察的内容却不尽相同,或者说侧重点不同。技术员要考察猪场的环境条件,包括猪场类型、规模和位置,场内布局,建筑物的设计是否规范、猪群品种和结构,以及老板的人品、企业的管理现状,员工队伍等,因为技术员要在此长期工作,有的人甚至要作为理想而奋斗。但是工人就不一样,招聘时工资标准已经公布,没有讨论的余地。工人更多的是关心工作量和劳动环境,劳动的危险性,工资以外的福利。譬如有没有集体宿舍,食堂伙食怎么样,每个月要花多少伙食费。再譬如是否缴纳"三金(社保基金、养老基金、失业保障基金)",是否执行国家的劳动政策,节假日如何安排,节假日值班的话是否双倍工资。有文化的年轻饲养员甚至还要观察是否有运动场、娱乐室,加班是否加薪。至于老板的人品或性格,工人才不管那么多,只要你不是让工人去犯罪,多数工人是只管干活,到月底按时发工资就行。

二、熟悉岗位

由于地理位置、投资能力、猪场性质和规模的原因,各个猪场的岗位设置和岗位工作量不尽相同,至于操作规程,更是五花八门。

饲养员进入猪场之后,首先要做的是熟悉工作岗位的环境,熟悉岗位职责和要求。在此应当明白,不论你以前在多么有名气的猪场待过,也不管你以前在行业内的名气多大,到了这个猪场的这个岗位,就应该遵照这个猪场的规章制度和岗位要求,履行自己的岗位职责。一个艄公一道河,一个将军一道令。

"以前的那个场怎么怎么好。""以前的那个猪场是如何如何干的,可不是这样干的。"这些话,是最不招人待见的话,少说。想说也是在你胜任岗位工作、在新场站住脚以后。并且,应当在非工作时间向管理你的班组长或技术员说。不分场合,不分对象地乱说,会使你在工作中处于被动状态。

三、诚信待人

在猪场当饲养员,干好岗位工作不仅要有技术功底,勇于吃苦耐劳,还要有良好的人际关系。有时候,这可能会是你干好工作的决定因素。因为这个世界上啥人都有,恶人、小人是少数,运气不好的话刚好你碰上了,并且还要在一个锅里搅稀稠,一个屋檐伴日月。得罪了小人,处处给你使绊子,你还怎么干好本职工作?即使遇上好人,你若自己不会处事,净干那些惹人烦的事,别人也不愿同你交往,同样会影响你履行岗位职责。所以,学会处理人际关系,是你在任何一个企业干好本职工作的首要任务。

在处理人际关系时,把握的基本点是"诚信待人,和睦相处,以善为本,互利共赢"。

规模猪场的饲养员在场内生活或工作中,接触最多的是同行、畜牧技术员和兽医、仓库保管员。农户小型猪场的饲养员可能会直接同老板、家属接触。注意,畜牧技术员和兽医、小场的老板和家属,在养好猪这一点上与你是相通的,饲养员则有可能成为竞争对手,仓库保管员多是站在远处看热闹的角色。所以,只要你抱着"诚信和善"的态度,多数情况下是很快就会被大家接纳的。因为,你把猪养好了,畜牧技术员和兽医都会跟着得奖金,小场的老板和家属,更是伸着脖子巴望你把猪养好。

需要动点脑筋的是如何处理好同其他饲养员的关系。"诚以待人,力争双赢"是你搞好同其他饲养员关系的真谛。在工作中尽可能帮助你的同事,在生活上尽可能关心你的同事,把你学到的新技术、发现的新技巧及时传递给你的同事,都是拉近你和同事关系的有效方法,就看你有没有这种心胸,这种肚量。其实,你应当明白,你养好了你所负责圈舍的猪,与你亲近的饲养员在你的带领下养好了他所负责圈舍的猪,都是老板希望看到的结果,老板都会发奖金。奖金是老板发的,给别人发的多也好,少也好,影响不了你的奖金。你的奖金多少,是由你养的猪的好坏所决定的。事实上,你的奖金高,你周围的同事在你的带领下都把猪养得很好,反而会使老板和场长、经理更加喜欢你,重视你,甚至重用你。

此时应把握如下三条:一是与人为善,能帮人时多帮人。大家都在猪场当饲养员,在工作或生活中,不可避免地会遇到这样那样的困难。不管你进场的早晚,是老员工还是新工人,在别人遇到困难时果断出手,帮人渡过难关,既是一种美德,也是融洽相互关系的最佳时机,更是为自己干好本职工作铺路奠基。通过帮助别人拉近同事间的相互关系,实际是在为自己的未来奠基铺路,看起来是在帮助别人,其实也是在帮助你自己,只不过是在帮助自己的未来。二是出门在外,多交好,少交恶。害人之心不可有。朋友越多越好,多个朋友多条路,朋友多了路好走。三是近君子,远小人,防人之心不可无。什么人是君子,什么人是小人,没有标准,也没有现成的答案,全靠自己的判断。能够给出的参考是那些诚实敦厚、宽宏大量的人,可以大胆交往,因为厚德载物;那些比你优秀的人,你可以放心交往,因为他们身上散发的是正能量;那些比你聪明勤奋的人,你可以努力交往,因为智慧能够照亮前程;那些生活质量比你高的人,你应该积极交往,因为交往可以提升你自己的人生品位,与善者为伍,随智者同行,你的生活和生命质量将同步提升。而同那些贪婪自私、狂妄不羁的人打交道时,应慎之又慎。若连那些涉黄、涉赌、涉毒、涉非的人,你都不知道远离,那你就离吃亏上当不远了。

四、恪尽职守

就现代养猪企业工作的饲养员而言,要适应现代化的猪场管理,想生活得自由自在,必须记住四个字"恪尽职守"。最通俗的解释就是像"螺丝钉"一样,"铆"在饲养员岗位上,干好你饲养员的分内工作。

现代化大生产中,不管是猪场,还是制造冰箱、彩电的电子企业,或是生产电脑的高科技企业,岗位分工更加精细、准确,更加专业化,更要求在每一个工作岗位的工人恪尽职守,认真细致地履行岗位职责,确保按照时间、质量、数量要求完成任务。下班时把你的工作岗位收拾利索,不给下一班留尾巴、出难题。否则,流水线就无法运行,社会化大生产就无法实现。

猪场同电子产品、机械制造、纺织、化工等行业相比,一个最大的不同,是利用具有生命的生物体作为生产工具,具有相互衔接、不可间断性地持续生产、功效在终端显示等行业特征。不会因为星期天、节假日关掉电闸放假;也不可能预先生产部分配件堆放在那里,等下一道工序产品出来后再去组装。既需要依托饲料、兽药、疫苗、器械等相关行业的发展配合,还需要严格的企业内部日常管理。任何一个环节的失误,都有可能导致整个企业的毁灭,带来不可逆转的损失。

恪尽职守落实在猪场饲养员的工作中,要求饲养员一是要严格履行岗位职责,不懈怠,不马虎,尽职尽责,干好本职工作,充分利用企业提供的猪舍、猪、饲料、兽药、疫苗等原材料,保证猪群的正常生长发育。二是要忠于职守,围绕养好猪这个目标,动脑筋,想办法,及时发现并报告设备、管理中的失误,自觉弥补制度、条例、规程中的漏洞,尽自己的最大努力避免生产损失,或将损失降低到最低限度。三是勇于奉献,在生产的关键时刻,或企业的困难时刻,做到不计个人得失,挺得上,顶得住,甘愿奉献。

第二节

奉公守法是国家对每一个社会成员的基本要求

虽然养猪企业多数处在偏僻地段,但作为社会生活的一个细胞,一个基本单位,同样要受到各种社会思潮的影响和冲击。

饲养员自己应当明白,到猪场打工的目的是为了挣钱养家糊口,是为了过上幸福生活,绝不能走上犯罪道路。

一、对非法行为保持高度警惕

人们在征服自然的过程中不断发明、创造,从而推动人类社会不断进步。社会进步的重要标志就是不断地改良、变革、革命。

当多数人都承认改良、变革、革命的结果时,社会就会以法律的形式予以固定,从而规范一个阶段的社会行为。显然,如果社会成员随心所欲地发挥自己的想象,会影响社会的稳定,破坏社会生产力,制约社会的发展。但是,由于社会成员数目众多,分布广泛,加上地域间生产力发展的不均衡性,不论在哪个社会阶段,总会有一些人做出一些违背社会公序良俗的非法行为,有时甚至是有组织活动。

因为是非法行为,需要避开社会公众的视线,需要隐蔽场所。所以,处于偏僻地段的猪场极易被非法组织瞄上。至于那些法制观念薄弱的老板或场长经理,在猪场经营管理过程中采用一些非法手段,甚至从事非法经营活动,诸如地沟油、三聚氰胺、注水猪、制造假烟、存储毒品等,新闻媒体屡屡披露,不足为奇。

阻止非法行为、同非法行为作斗争,是每一个社会成员的良知和义务。因为尽管非法行为并未对你构成直接损害,但是其对社会造成的破坏,会以间接形式损害你的利益。同非法行为作斗争的实质是在保护你的合法权益,保护你的间接利益和长远利益。

同非法行为作斗争的形式多种多样。譬如劝阻对方中止非法行为,直接终止对方的非法活动,举报等。要根据自己所处环境、基本条件和能力灵活掌握。当你知晓了熟人、亲戚、朋友正在酝酿非法活动时,首先应该晓之以理、动之以情,讲清楚非法活动的危害和严重后果。当对方打消犯罪活动念头之后,可以坦白地亮明自己的反对态度。当别人鼓动你参与非法活动时,你应根据当时的环境条件,巧妙地表明不参与或者反对的态度。当你发现别人正在从事非法活动时,要根据对方非法活动的性质、危害,以及自己所处位置、力量对比决定对策。因为那些涉毒团伙都是些穷凶极恶之徒,裹胁别人犯罪是其惯用手法,有时甚至会杀人灭口。当你处在非常不利的环境时,装呆充傻,寻找脱身机会比反抗更重要。所以,不分场合、不看环境条件和力量对比的反对、干涉,不仅不能制止犯罪,反而有可能把你自己搭进去。总之,同非法行为、犯罪分子作斗争,既要有勇气,还要有智慧,更要有能力,仅凭一腔热情不行。

你也许会说,作为一个饲养员,我没有那么高尚,没有那么高的觉悟,那么多的社会责任,睁一只眼闭一只眼,听见只当没听见,看见只当没看见。是的,这样做,没有人会指责你,批评你。但是,你必须当心,弄不好你会被裹挟进去成为犯罪分子,那样,快乐的生活距离你就十万八千里了。

勇敢地同非法行为作斗争也好,明哲保身避免被裹挟进非法活动也罢,都要求你对非法行为保持高度警惕,能够及时辨识非法行为。这是饲养员在猪场快乐工作、快乐生活的基本要求。

二、远离黄赌毒和非法组织

文化程度太低，没有参加过"普法"教育等因素，导致许多饲养员没有能力辨识非法行为、非法活动，致使许多人盲目上当，稀里糊涂地触犯法律。

黄、赌、毒的危害，恐怕在你幼年的时候，爹娘和老师都会告诉你。

那些小规模的家庭猪场，不关心职工的业余生活，或者老板自己就是一个低俗之人，寂静的环境和单调的生活，往往会成为黄、赌、毒滋生的环境。

对黄、赌、毒、非的辨识不是问题，关键是能否自觉抵制、远离。因为小型猪场有可能存在此类现象，新进场人员多数经不住诱惑而参与其中。

好奇心强、自制力差是成长期青少年的重要心理和行为特征。那些教唆犯正是抓住这个规律侵蚀青少年心灵，从诱惑、引诱其尝试开始，最终拉其下水。

你可能多次听到"小赌怡情"的说法。千万别信！

这是拉你参与赌博的第一步，先从思想上麻痹你。当你参与进去后，会逐渐上瘾，逐渐加大赌码，想戒掉可就难了。

赌博是这样，涉黄也是这样，吸毒还是这样，都是从麻痹你的思想开始。

非法组织更厉害，不仅麻痹你的思想，还要模糊你的认识。"闲着没事，去吧，听听课，不收费，不要钱，还发纪念品！"三次课听下来，你会对以往的认识产生疑惑，五次课听下来，你会有加入活动或组织的冲动，一周下来，你就有可能成为俘虏。因为我们处在不断发展变革的时代，变革过程中肯定会存在这样那样的不足。这些人就是无限放大这种不足和缺陷，从而迷惑你的视听，模糊你的认识，进而俘虏你。

解决黄、赌、毒、非问题，是涉及多个方面的社会工程，要靠社会各方面共同努力。但是，那些身处偏僻位置、人员较少的小型猪场工作的饲养员，社会关注度低，尤其应当从规范自身行为、洁身自好做起，通过不断学习法律知识、自然科学常识和专业技术，增强自身抵抗力。

饲养员个人抵制黄、赌、毒、非的最佳办法，是科学规划、合理安排自己的业余时间。通过参加健康的文化、体育、娱乐活动，通过学习法律常识，既能有效增强自身抵御黄、赌、毒、非的自制力，也会使自己的业余生活充实、快乐。如果发现老板或场长、经理是涉黄、涉毒、涉赌的黑道之人，不论待遇多高，环境条件多好,都应果断辞职,重新选择猪场就业。

作为一个饲养员,对非组织活动应保持自己的清醒认识。出门在外,都想多交个朋友,多个朋友多条路。参加老乡聚会、同学聚会、战友聚会、同事聚会,通过聚会扩大社会交往和接触面,既可以获得更多的信息,又有可能交到更多朋友,是很正常的事情。关键是在这些聚会中,应保持清醒的头脑,学会用自己的视角观察、思考,保持自己的头脑清醒,保持自己的独立性。那些让你向好、学好、从善的聚会,可以多参加。那些教你向好、学好、从善的朋友,教你知识、技能的朋友,可以也应该多交往。

那些只是吃吃喝喝,甚至赌博、涉黄等低级下流的聚会,尽可能不参加。那些聚到一块儿就张家长、李家短,对别人品头论足、搬弄是非的朋友,尤其是那些有犯罪前科的朋友,以及那些交往不深就向你借钱或者鼓动你投资的朋友,尽可能少来往。远离那些有吸食毒品经历的人,远离那些脾气暴戾、出言凶狠、动不动就召集人打架斗殴的人,远离那些鼓动集会、罢工的人。

记住:天上向来不会掉馅饼。

一旦你贪占了小便宜,捞取了不义之财,你就跨到了陷阱的边缘。任何方向飞来一根稻草,都会把你压垮。

第三节
做一个优秀的饲养员

被老板或者场长、经理欣赏的饲养员,可能是优秀饲养员;只是被工人拥护、爱戴的饲养员,多数不是优秀的饲养员。只有那些被老板和场长经理看重、欣赏,并且在工人中又有威望、受到大家尊敬爱戴的饲养员,才是真正优秀的饲养员。

怎么做才能成为优秀的饲养员?或者说具有哪些素质才能成为优秀的饲养员?首先,优秀的饲养员,要是一个有道德的人。有道德的人不管在哪个企业,从事什么工作,都会受到大家的尊重和爱戴。其次还必须是一个有责任心的技术能手,缺乏责任心,或者技术不精都不行。三是一个富有正义感、敢作敢为的人。只有满足了这三个条件,才能成为优秀的饲养员。

一、德为邻,必有成

作为一个普通的饲养员,第一项要求就是坚守道德底线,作为一个优秀的饲养员,必须是一个有道德的人。

"道德"二字,紧密相连。事物的本源、社会运行的基本规律谓之"道",而具体到每一个社会成员,"守道"的行为、过程即为"德"，有德之人即为"守道"之人。所以，人们常说要做有道德之人。

许多人都知道孔老夫子"德不孤，必有邻"这句名言，明白有道德的人不会感到孤独，因为你有邻居，有人说话，有人来往，困难时候，有可能得到帮助。笔者在"引用"时之所以要加以修改，是因为生活在商品经济时代的许多人忘记了"德"，丢掉了"德"，没有"德"，缺少"德"。不要说以德为本，若是你把"德"放在邻居的位置，多少受点影响，多少有点印象，头脑中多少有点"德"，就不会往出栏猪的静脉里注水，就不会往饲料中添加三聚氰胺。

同样，那些"缺德""无德"的不良商人的违法行为，要么直接受到法律制裁，要么就是在"易粪相食"的过程中坑害自己或子孙后代，如食入过量的激素、化学品、重金属元素导致代谢机能紊乱，引起心血管系统疾病。再如食入了抗生素和抗病毒药物超标的食品，导致体内常在菌的耐药性和病毒的变异，使自身的抗病力急剧降低，提高了感染传染病的概率。要么就是在后来的岁月中良心发现，潜意识中一直处于自我谴责状态，长期的焦虑不安、恐怖惊惧、烦躁、失眠，最终导致内分泌机能失调、免疫机能下降而身患绝症。

种种无德之人不守道，不按自然规律和社会运行规则办事，必然遭受社会或自然的惩罚，只是惩罚表现的形式不同、时间早晚、对象有别罢了。所以，越是在商品经济时代，越是要坚守道德底线，做一个有道德的人。

以德为邻，事业有成。

以德为本，成就大业。

二、技为真，责为上

在民间，启蒙教育时，老人会对孩子们讲：学会武艺不压人。

中学阶段，会从师哥、师姐那里听到：学会数理化，走遍全天下。

作为饲养员，当然要熟练掌握猪的饲养技术，因为你就是凭这门技术、这个手艺吃饭的。不会，没人用你，不精，有人用你但不稳当，说不准哪一天裁员就裁到了你的头上。精益求精，成为优秀饲养员，才是人才，才能够在行业内站稳脚跟。

若从技术层面衡量，一般的饲养员，只要胜任产房、保育、育肥、母猪群、后备群和种公猪任何一个岗位的日常管理即可。优秀饲养员，是能够胜任多个岗位的工作技术能手，并且还是怀揣绝技的技术标兵。

同样是产房饲养员,有的人进猪舍围着待产母猪走一圈,能够告诉你哪几头母猪是空怀母猪,哪几头是今天夜里要分娩的母猪。

同样是保育舍饲养员,进猪舍转一圈,就知道你用的保育料蛋白质含量不够、品质不佳,就敢说你的饲料砷高、铜高、食盐含量高。

同样是育肥舍饲养员,有的人能听懂猪的叫声,知道猪的痛苦与欢乐。有的人通过观察猪的走路姿势、排尿排粪动作,判断出健康与否。

同样是空怀母猪饲养员,有的人就敢指着一头母猪说:"那头母猪没配上,仍然空怀,不相信可以用 B 超检查。"还敢指着另一头母猪说:"这一头配上一个月了。"

这就是真功夫,真本事,绝活。真本事的获得需要长期的仔细观察和细心揣摩,放不下身段,没有不怕吃苦、不怕脏、不怕累的敬业精神和一丝不苟的工作态度,你发现不了那些细微的差别,学不到真本事。

后蓝耳病时代快乐养猪

优秀的饲养员最显著的特征是有强烈的事业心和高度的责任意识,有一种不服输的劲头,一种抢占制高点的气势,一种不到长城非好汉的豪迈精神。正是这种"想干事、干成事、把事情办好"的责任意识和"把业务搞精、做行业第一人"的精神激励,才使他们克服困难、长期坚持,取得了骄人成就。

"不受苦中苦,难为人上人"。想做优秀饲养员,就得比别人多付出,在练就一身真功夫、掌握一门绝技上下功夫。为了少走弯路,推荐学习如下几个方面的知识,并在生产实践中进一步消化、琢磨、深化、细化。

饲养员应学习的知识

猪的行为学特性和生物学习性

动物解剖学中的猪体解剖

家畜生理学

动物繁殖和组织胚胎学

家畜营养学

家畜生态学

猪病学或动物疫病防控中的猪病防控知识

中兽医学和中药学基础知识

如果你有文化,手别懒,养成记日记的习惯。或者是写笔记,把学习心得和生产中遇到的问题、没有见过的现象记下来。如果你有摄像技术,最好用手机拍照、录像录音,以便于继续研究,保证在请教别人时能够讲清楚,说准确。

文化程度低不可怕,怕的是你没有当优秀饲养员的想法,没有坚强的意志和毅力。只要你想学想干,办法总比困难多。不识字可以问,可以听别人讲,可以观摩别人的操作。只要你用心,世上没有学不会的知识,只不过是快一点慢一点的差别。

三、会说话,招人爱

人性中有些东西是与生俱来的。譬如贪婪攫取、自私占有,争强好斗的自尊心,死要面子活受罪的虚荣心,等等。这些人性中的劣根性,人人都有。只不过有的人受教育程度高些,有修养,为人处事比较含蓄,表现得不那么直白,那么外露。

越是受教育程度低的人,人性中的缺陷越容易显露。

想成为优秀饲养员,要学会与人相处。慈善、仁爱、诚实、宽容、尊重这些人性中的优美品德,是立身之本。拥有了这些优美品德,做人就成功了一半。因为这种品德的形成是一个耳濡目染、集腋成裘的渐进过程,需要学校和社会的教育,需要高人的指点,更需要良好的家庭教育和熏陶。而这些青少年人格、品德健康成长所必需的基本条件,由于家庭条件的差别,往往很难凑齐。即使凑齐了,也会在某一个人生阶段有所缺失。例如,家教很好的青少年,上了一所校风很差的学校,或者遇到了不负责任的老师,或者毕业后结识了一帮不求上进的伙伴,等等。因而,每一个社会成员的身上,都会有许多各不相同的闪光之处,也有这样那样的缺点。当你走出家门或者校门来到猪场之后,遇到的人将是五花八门,有的高傲,有的虚荣,有的诚实可靠,有的谎话连篇,有的骄横,有的腼腆,有的懒惰,有的勤奋,有的花言巧语,有的木讷少言。而正是这些各具特色、性格各异,甚至是身怀绝技的普通人,构成了社会最基本的老百姓群体。所以,当你投入社会生活之中,必须学会的第一项人生技巧就是学会同形形色色的人说话、打交道,学会同不同性格的人和平相处,学会发现别人的长处。

(一)讨论和语言交流　讨论问题时,先给出题目让大家发言,首先倾听别人的意见。听人讲话要有诚恳态度。心不在焉地听,会给讲话人一种终止表达的信号。所以,倾听谈话时目视对方,予以关注是必需的。其实,老祖先在发明"倾听"这个词汇时已经告诉我们怎样同别人谈话,就是要有身体的微微倾斜。当然,不时地点头,会给人以听清楚、赞许、认同的感觉,至少是鼓励讲话人继续讲话的信号。

交流时耐心听别人讲话,让别人完整表达自己的意见。打断别人讲话是一种不礼貌行为。必须插话,也要等讲话人停顿时开始。假使发言者讲话有明显失误,你也要用正确的表述告诉对方,而不是直接指出错误、纠正对方。注意:是正确的表达、表述,而不是纠错!因为遇到那些性格执拗、坚持己见的谈话对象,你的纠正往往会成为争执的开始。

有时候,因为语言表达能力的原因,一些人讲话词不达意,没有能够准确表达出想要表达的内容。此时,你只要领会了对方的意思,也没有必要去补充或纠正。只需要将你把握不准的地方,让对方重述一下即可。

注意,要求别人重述时,应该用商量的语气:"我没听清楚,再讲一遍好吗?""没听明白,请重述一遍。""我没闹明白你的意思,请你重复一下。"而不能用简单直白的质问"啥意思?"那会给人你不赞同对方的误解。若你用简单直白的连续质问"啥意思?啥意思?啥意思?"那会给人你反对对方的误解。

当对方讲话远离主题时,你应该在其停顿时将话题拉回来。此时,应注意首先赞同踊跃发言者,或对发言的某一部分内容表示赞同,然后再要求后续发言者围绕主题发言,而不是批评、指责上一个发言人。

(二)聊天及其注意事项 聊天是人际交流的一种必要方式。"言者意之声,书者言之记",聊天的过程中是人格、个性、习惯、爱好,以及人的思想品德、人生观、世界观的展现、外露过程。通过聊天中对社会现象、舆论热点、工作中难点的讨论,或历史事件、当代伟人或英雄、历史人物的评价,会间接了解发言人的人生观、世界观、幸福观,透视发言者的心灵,进而为你做出是否进一步同其结交提供决策依据。当然,聊天的过程也是你丰富社会知识的过程。因为许多社会生活知识不可能都写进书本,需要在社会生活(包括谈话、聊天)中学习。但是应注意动脑子思考,"聊天"中获得的知识不一定都正确,不一定都有参考价值,需要自己有一定的辨识能力,需要自己揣摩、捉摸、过滤、吸收。有没有参考价值,取决于你的辨识、判断能力。当你无法辨识、判断听到的知识正确与否,可以通过请教(请教书本和请教别人)、回顾谈话聊天的语言环境这两种办法来辨识。有的人可能是逢场作戏、插科打诨,有的人可能是故意逗乐,也有的人是不怀好意,等等,通过回忆当时的语境,可为你辨识真假、准确判断提供帮助。

生活中会遇到各种各样的人。一些人因为自身或家庭的原因,处于卑微心态笼罩之中,没有自信,还需要自尊,所以老是害怕别人看不起自己,经常会想尽各种办法包装自己,以伪装姿态出现在公众场合。譬如收入不高却要穿着昂贵的时装,经营不善却还要购买豪车,也就是常说的"打肿脸充胖子"。这类人与人谈话时,经常会自觉不自觉地吹嘘自己,不惜贬低别人抬高自己,甚至说谎话。偶然遇到此种场合,对这种现象不必当真。因为大家对这种人都心知肚明,一笑了之即可。当你的工友中有了这种人,就要当心了。最好的办法是善意待之,敬而远之。因为他有意或无意的贬损,极有可能激起你们之间的口舌之争,进而发展为对抗状态;"满嘴跑火车"的谎言,会导致你判断的失误。不论哪种结果,对你的生活都是不利的。注意,这些人还有一种"捏软柿子"的劣性,瞄上你后,会时不时地以贬损你取乐。此时,躲避已经不能解决问题,必须奋起反击。但最好别在他贬损你时反击,因为这种做法最容易导致你同对方的直接对立。也不要就其话题反击,那会变成你们二人的争吵、斗殴。最好的反击机会是在大庭广众场合,当他在贬损别人时,你以调侃的方式揭穿其谎言,逗他一次乐,办他一个难堪,让他如鲠在喉,干着急没话说。既反击了他,又拉近了你同被贬损者距离,也让对方知道你不好惹,以后少接你的话茬,躲着你,至少不再贬损你。

聊天中不要探寻别人的隐私,不要打听别人的收入状况,不要揭别人的伤疤,不要拿别人的生理或语言、行为缺陷开玩笑,这些不仅仅是不文明行为,还极易导致别人反感,甚至直接引起顶撞、对立。

(三)汇报工作与大会发言　汇报工作一定要言简意赅,少讲废话。最好要先想一下汇报的内容,按照轻重缓急排一下讲话内容的顺序,也就是常说的"打腹稿"。

即使是普通员工,年终总结时也有可能要大会发言。没有在公众场合讲过话或经历较少的人,最好拿上稿子,避免紧张、激动时突然中断思路,出现"冷场"的尴尬局面。不会写稿子,列一个提纲也行。还不会,就把要点一个个写出来，以备临场紧张中断时"提示"自己。许多领导人在重要会议上讲话还要拿稿子，普通员工大会发言拿稿子不丑，至少比"冷场"好得多。

四、善交流，有人气

日常生活中，你会发现有的人说话有条有理、行为大大方方、做事沉着冷静，非常"大气"。不管在哪个场合，这个人一出现，就像磁铁一样富有吸引力，马上成为核心。为什么"大气"？因为这种人具有正确的人生观、世界观、幸福观，没有过分的追求，没有不当的索取，"心底无私天地宽"。胸怀坦荡的人，自然落落大方，再加上善良，富有爱心、同情心，乐意同你交往，你的"人气"自然很快升高，想不被大家爱戴、敬慕都难。

要当一个优秀的饲养员，需要岗位技能，需要工作效率、工作业绩，更需要学会与人相处，聚拢人气。

聚拢人气的前提是你自己"大气"。

后蓝耳病时代快乐养猪

如何"大气"？心底无私，坦荡做人。谨言慎行，言而有信。敢作敢为，公道正派。

心底无私的基本要求是坦荡做人，不谋求非法利益。当然，在法律法规许可范围内获取正当的个人利益不算"自私"。其次是要做到不"自利"。即：看见别人的小件物品，认为对自己有用，顺手牵羊带回家，虽然算不上犯法，但同样是将他人的物品据为己有。这两条做不到，你的水平再高，老板、场长、技术员会认为你做人太小气，没有培养价值，不可能将你作为骨干培养；工人也看不起你，认为你做人抠门，交不上朋友，甚至被人疏远、孤立。

谨言是要求你说话"过脑子"，不能想到哪里说到哪里。哪些话能说，哪些话不能说，哪些话应当私下说，哪些话可以在公众场合说，哪些话可以直接说，哪些话需要间接说，一定要心中有数。那些可说可不说的话，不说。非说不可的话，选择适当的时机、适当的地点，对适当的人说。

慎行是要求你做某件事情或者采取某项行动之前，认真思考，预测可能的结果，分析行动中可能发生的变化，如何用对。做到不打无准备之仗，不打无把握之仗。不干则已，干则成功。

真诚相待、言而有信也是做人的基本准则。言必信，行必果。允诺别人的事情，一定要办成。没有把握办成的事，不要轻易答应。没有把握办成但又非办不可的事情,要同对方提前讲清楚,避免失信于人。

富有正义感,敢作为,会作为,也敢于担当,是成熟男人的标志。即使做了错误的事情,也不回避、推诿,敢于承担责任,才是男子汉。把成就往自己身上揽,把错误的责任推到别人身上,不是炎黄子孙的行事风格,所以大家看不起这种人,唾弃这种人。

"为人正派、处事公道"同诚信一样重要。为官者"公生明,廉生威",为民者"德生福,公生威"。一个饲养员若能够做到"为人正派、处事公道",不仅饲养员愿意同你接触、交往、打交道,交流、探讨饲养中遇到的问题。甚至在个人生活、家庭生活中遇到问题拿不定主意的时候,也会找你商讨、帮忙。你的威望不树自高,你的"人气"不拢自旺。

做一个优秀的饲养员有难度,但也不是高不可攀。只要努力,任何人都能做到。

五、活到老,学到老

通常讲"三人行,必有我师",是讲三个人中必定有一个人在某一方面比你强。知道了谁人比你强之后,就是如何向人家学习,将人家的本事学过来,弥补自己的不足,在这方面追赶和超过人家,使你在剧烈的竞争中不至于处在劣势地位。注意,尽快将人家的优点变成你自己的本事,是让你增长这方面的才干,能够拥有这方面的本领,而不是让你"顺手牵羊"去剽窃人家的成果,更不是让你高傲、嫉妒、排挤人家。当然,生活中也不乏后两种人。不过后两种人多数不要多长时间就会原形毕露,使人不屑一顾,最终形只影单。

"跟着好人学好人,跟着巫婆学跳神"是讲选择朋友的重要性。历史上曾经有很多这方面的忠告,最著名的是那一句"近君子远小人"。

想做优秀饲养员,就要学会同比自己优秀的人共事。尊重、贴近、服从优秀者,并从优秀者身上吸取营养,学到做人的方法和处事技巧,学到自己不会的知识,是你快速成长的一条捷径。"近水楼台先得月""近朱者赤,近墨者黑",应该包含有这方面的道理。

生活中你会发现,一些人在离开你一段时间之后,再见面感到这个人成熟了许多,或者是文明了许多,或者幽默了许多。这些,都是人们在生活中潜移默化地主动贴近、主动学习的结果。

"尺有所短,寸有所长"一个有志向、有抱负、有理想的人,一个优秀饲养员,应该学会观察身边人的长处,包括那些有明显缺点的人。放下身段,不耻下问,积极主动学习身边人的优点和长处,不断地修正自己,你的成长速度才会比别人快,才能够实现脱颖而出。

学海无涯。

活到老,学到老。

附件 饲养员个人修养指南20条

猪场饲养员要不断提高自己的个人修养,以期在猪场树立个人的良好形象,为自己的顺利工作、幸福人生和以后的发展,奠定良好基础。

1. 遵守国家法律法规,不做违法之事。

2. 认真执行猪场的各项规章制度。

3. 认真执行岗位操作技术规程。

4. 遵守请假制度,遵守作息安排,养成访问前电话告知对方,访问时敲门进屋,进出关门习惯。

5. 不酗酒,不赌博。远离毒品和黑社会。

6. 节约用水,发现未关闭水龙头自觉关闭。

7. 节约用电,最后离开房间时随手关灯,关闭需要关闭的电器。

8. 注意形象,工作时着工装,下班后服装整洁干净,不着奇装异服。定时洗澡、理发、剪指甲。

9. 不随地吐痰。

10. 不随手乱丢垃圾,养成垃圾分类习惯。

11. 不在风景区乱写乱画。

12. 外出两人并肩,三人以上成列行走。马路和大街、楼梯上靠右行走,过路口不抢红灯,不哗众取宠,不大声喧哗。

13. 文化宫、文化馆、会议室、电影院、商场、电梯等公共场所不大声喧哗。

14. 遵守公共秩序,车站、码头、机场等需要排队场合,自觉排队不加塞。在电车、地铁、公共汽车、火车、高铁、飞机、轮船等公共交通工具上,不大声喧哗,主动给老、弱、病、残让座。

15. 语言文明。不讲脏话、狠话、黄段子,学会使用"请…""你好!""谢谢!""对不起""再见!"等文明用语。

16. 不是熟人不开玩笑。同事之间也不以别人的生理、语言、行为缺陷开玩笑。

17. 工作期间不串岗。工作和危险场合不打闹。

18. 养成各种工具使用后擦拭干净、自觉归位习惯。

19. 工作时轻拿轻放,尽量降低噪声,避免制造扬尘。

20. 养成借单位和他人钱物打借条习惯,按时归还所借钱物。难以按时归还的,要及时告知对方。

第六章
快乐的养猪专业户

养猪专业户在中国将继续存在,政策对路、引导有方、扶持到位的话,有可能成为中国规模养猪的主力军。一个最显著的特点是能够充分利用当地自然和社会资源,生产过程中的废弃物能够就地消化,对当地生态环境压力要比大型猪场小得多。改造措施得当,甚至可能成为未来有机农业的重要支点,成为城市化背景下现代农业、畜牧业、林果业相辅相成的生态文明链上的明珠。

理智是养猪专业户快乐之本

　　不仅养猪专业户需要理智决策,其他行业也同样需要理智决策。只不过养猪业因为受销售商品猪、饲料供应等因素的影响,需要群体效应,需要一定的规模。所以,现有的许多从事养猪的农户是随大流,跟着感觉走,大家伙都养猪,俺也养吧。甚至许多已经成规模的专业户,也是这种随大流的思想,并非理智决策促成。所以,盲目养猪在专业户中具有普遍性。这种普遍的从众建场、追风跟随、自以为是,正是许多养殖专业户辛苦多年,却仍然没有摆脱贫困的主要原因。

一、养猪业走势对专业户的挤压

　　不可否认的事实是,受一些专家学者"追求大规模"错误观念的影响,养猪专业户受到来自市场和疫病的双重挤压。其突出表现是国家对大型规模猪场的各种补贴,使得许多经营效益很差的大型规模猪场,得以依靠银行资本和财政补贴苟延残喘。此类大型猪场的存在,给所在地生态环境带来了巨大压力,进而要求国家补贴治理污染,成为虹吸社会财富的黑洞。并且在其恶性循环中,挤占养猪专业户的市场空间。

其次,屠宰加工企业吸纳国际资本后,其经营受国际资本左右,大量进口国际市场猪肉,在直接冲击国内商品猪价格的同时,也给整个国内养猪业特别是对养猪专业户,形成了市场冲击。

展望未来可以看到,不良大型规模猪场会依然存在,国外资本对屠宰企业的掌控会愈加普遍、更加严厉,疫病危害日趋严重。所以,国内养猪专业户将面临更为严峻的生存竞争。

中国养猪业面临的严峻形势要求专业户冷静分析、缜密思考、认真决策,变"随大流养猪""凑热闹养猪""图方便养猪"为"科学养猪""理智养猪"。

必须看到,中国养猪业已经告别了"投资小、收益高、见效快、风险小"的岁月。未来养猪业,不仅需要足够的资本投入,其收益依然处在相对较低水准,风险却大为增高。

二、理智选择养猪项目是专业户能否生存的前提

中国有句老话,叫作"路路通北京"。

只要你是养猪专业户,不管用什么办法,赚钱、盈利、有收益,才是硬道理。就像去北京,不管你走哪条路,只要到北京就行,到北京才是真本事。谁先到,谁本事大!

如果你能够找到投资收益率在24%以上的项目,建议你最好不要养猪。可通过拍卖、转让、合作经营、合伙经营、委托管理等形式,将猪场转手给别人经营管理。因为养猪业是基础产业,微利产业。其正常的年度投资收益率在10%～24%。在长达四五年的"猪周期"中,只有一个18%～24%的高收益年份,两年都在10%～18%徘徊,还有一年在10%以下,甚至有一年在3%的低谷期。那些切入时机不当、管理水平低下的猪场,甚至在低谷的一年赔本经营。

如果你对"猪周期"烂熟于心,把握准确,确实想养猪,手头资金又不多,抗风险能力很低,也就是俗话说的"赚起赔不起",建议你最好从事短期育肥。不期望一开始养猪就正好赶上商品猪价格处在高峰段的"丰收年",只要在商品猪价格滑到谷底的"歉收年"空栏不养,就是收益。这是短期育肥的独特优势,也是最大优势。

当然,你也可以做母猪饲养专业户,专门为社会提供"断奶仔猪"或下保

育床的"架子猪"。年景好时加大投入,缩短空怀间隔,提高准胎率、断奶重和断奶成活率,加大出栏仔猪的总数和总重。年景不好时,淘汰低品质母猪,复壮母猪群,拉大配种间隔期,减少断奶仔猪的出栏总数,实在卖不出去,就自己育肥。

你若有眼光,有一定的投资能力,不妨往"地方特色猪""优质猪"方面使劲,生产"绿色食品""有机食品",为高端消费群体生产高品质商品猪。那样,不仅市场价格波动幅度不大,收益还高,何乐而不为?

三、理智设定养猪规模是养猪专业户快乐的要件

"顺势而为无恶业,量力而行有快乐。"这是送给养猪专业户的忠告。

为什么?

因为养猪已经是一种投资行为。是投资就有风险。就像进入股市你见到的第一句忠告:"股市有风险,投资需谨慎!"

这就是"势"。资本运作是当今之世的"大势"。资本是资金的"孪生姐妹"。追逐利润,是资本的天性。

没有什么不可以作为资本。资金、厂房、土地、技术、原材料、专利,凡是人类拥有或创造的财富,都可以用来作为资本。

作为专业户猪场的户主,首先要明确办猪场需要什么资本,你有多少资本,或者你有多大的获得资本的能力。这决定了你的猪场的类型和规模。盘点一下手中的资本,揣测一下获得资本的能力,是你决策之前的必要工作。

"量力而行有快乐"不是口号,是多少养猪专业户的成功经验和失败教训的汇总。"滚石上山""跳起来摘桃子"讲的是干事创业的顽强拼搏精神。但绝对不可用于企业家决策之时,尤其不能用在筹划建设猪场和决定猪场类型、规模之时。因为超出你投资能力的猪场新建或改建项目,最容易形成"半拉子工程""胡子工程"。到那时,垫付的资金沉淀为死滞资本,上不来,下不去,作难可是你自己,受罪只有你知道,没有人能够替代你。并且,你的家人还要跟着你遭罪,幸福可就离你十万八千里了。

即使基本建设资金充裕,设定规模时也还要考虑管理模式和管理能力。存栏规模同管理能力匹配不当,同样会导致经营困难。最常见的有三种情况。一是基建规模过大,猪场建成后资金见底,没有能力购买母猪和饲料,导致长

时间空栏。二是存栏规模过大,管理人手不够,饲养管理人员长时间超负荷工作,导致管理措施落实不到位而诱发疫病。三是中途发现资金不足,临时压缩基建规模,最终导致圈舍面积或库房等必需建筑面积小于存栏需求,致使圈舍内密度过高。

罗马不是一天建成的。量力而行,滚动发展是许多养猪专业户的成功真经,要汲取运用。不要老想着"一夜暴富""一口吃成个胖子","撞到南墙才回头"就晚了,那是要流血、受疼的!

四、理智决策和果断抉择

我们生活在一个变革的时代,生活在一个飞速发展的国度。与时俱进,乘势而上,应当是每一个社会成员的起码常识。

养猪是一种投资行为,是你追求幸福、快乐生活的一种手段。超然一些,别被捆住手脚,是笔者对快乐养猪专业户的又一忠告。

兴办家庭猪场,不管是母猪专业户,还是育肥专业户,相对于守着一亩三分地过日子,是一种进步。你做到了与时俱进,获得了收益,你的家庭生活迈出了新步伐,高出别人一截子,登上了新台阶。

社会在继续前进,你怎么办? 是守住你的家庭猪场,或是从事新的事业,你将面临新的抉择。

当新农村建设需要你的猪场搬迁的时候,你怎么办?

当国家修高速、高铁需要征用你猪场土地的时候,你怎么办?

当距离你50千米以内的镇上有新的企业大批招工的时候,你怎么办?

当你所在村庄成为城市规划区后,政府禁止在规划区内养猪,你怎么办?

当距离你30千米的地方兴建了大型猪场或者养猪小区的时候,你怎么办?

当你的儿子考上了大学或者要结婚,需要你从猪场抽出大笔资金,你怎么办?

当你的儿女长大成家后,提出同你分别管理或者再建一个猪场的时候,你怎么办?

……

只要你是专业户主,你是老板,这些,都需要你理智决策,果断抉择。

怎样才算理智，如何才能果断？没有一定之规，没有固定模式。能够供你参考的还是那句话，"看大势，谋大局，顺势而行"。至于什么是"大势"，什么算"大局"，要看各位专业户主自己的知识、阅历、认识，只能是"仁者见仁，智者见智"。笔者只能告诉你，专业户的幸福快乐，是所有家庭成员的幸福和快乐，不仅仅是你自己一个人的快乐。"富裕美满，身体健康，生活平安，儿女上进，邻里和睦，环境优美"是笔者认为快乐养猪专业户必备的基本要件，认同的话，可以作为决策思考的出发点。

"当进则进，当退则退"。

舍得舍得，有舍才有得，先舍而后得。需要割舍的时候，舍弃也是一种智慧，一种投入，一种美德。

后蓝耳病时代快乐养猪

第二节

因地制宜是养猪专业户的制胜利器

古往今来,兵家都讲"以己之长,克彼之短"。

同大型规模饲养猪场相比,专业户猪场也有明显的自身优势。关键在于自己能否认识到这些优势,并利用这些优势在市场博弈中占据有利地位。

一、分化的市场需求

毋庸置疑,让一部分人先富起来的政策已经造就了一批富人,百万富翁不稀罕,千万富翁也不时可见,过亿资产的富翁也经常在新闻中出现。简单分析暴富人群的消费趋向,会对养猪专业户的事业发展有所帮助。

先富起来的人拿手中的钱财干什么? 一些人在继续投资、继续扩展、继续发展事业。一些人在做公益事业、慈善事业,帮助那些未富起来的人们。也有一些人在纯粹消费、享乐。与此同时,待就业大学生和"土地流转"后进城务工农民、退休人员也急剧增多,随着再就业工程的实施和大批农民工涌入城市、定居城市,社会上自谋职业的小商、小贩如蜂群涌动,推动了日常消费品价格的飙升。最典型、最直观的现象是"最后一公里菜价"的成倍增长。

此时，消费群体的分化是一个不争的事实，能够被大家承认。同养猪业直接关联的肉食品，在不同的消费群体有不同的要求，也能被大众认同。

还有一个不得不承认的现实，受历史原因和发展中轻视环境污染的影响，空气、水体、土壤污染是不得不面对的现实，随之而来的是一般消费者对"肉食品安全"的担心。是否为病死猪肉、老母猪肉、注水肉，瘦肉精、抗生素、重金属残留多少，成为消费者关心的问题，买肉食时要进超市，在农贸市场要看有无检疫章。而那些高端消费者，对于规模猪场生产的大路产品，则不屑一顾。他们青睐的是无污染猪肉，要吃偏远山区的土种猪、全程饲喂粮食的"安全猪肉"，具有养生保健功能的"长寿猪肉"。

由于高端消费群体人数有限，大型规模猪场不可能转型生产土种猪，也不会生产所谓全程饲喂粮食的"安全猪"，从而为专业户猪场的发展提供了新的市场空间。

二、高端商品猪的生产

中国幅员辽阔，地形地貌、气候、风俗习惯千差万别，猪品种资源丰富。所以，生产土种猪、地方特色猪、安全猪，品种不是问题，专业户猪场有场地和劳动力，至于技术、管理人才，在社会主义市场经济时代也不是问题，所以说，生产也不是问题。问题在于如何把自己生产的优质猪卖出去。

成功的关键，在于小批量产品同大市场的对接，就是你生产的高端商品猪如何让那些高端消费者知道，猪肉怎么到达人家的手中。

（一）练就基本功，提高市场竞争能力　批量小、价位高的产品，要想被市场承认、接受，在市场上站住脚，必须练就过硬的内功。

酒香不怕巷子深。猪好不怕距离远。

此处，内功强硬与否的标志，不仅表现在自己所养猪品质优良、有独特风味、有特色，经营中信誉度高，更重要的是能否成为品牌产品，是否拥有驰名商标。

商品猪是商品，但又不同于汽车、计算机、服装等无生命的商品。

你见到过贴有商标的火腿、火腿肠、肉松，但你见到贴有商标的猪吗？没有。现阶段的种猪、后备猪、架子猪、仔猪、商品猪等猪产品都是以企业的品牌被公众认知。

对于大多数专业户猪场,建立品牌需要从基础起步。包括猪场的工商登记,产品商标的注册,以及产品的定型和标准化,产品标准的制定和执行,产品的展示、营销机制和销售网络的建设,等等。

(二)克服边际效应的危害　受边际效应的影响,高端商品猪产品周期的设定、品牌初始价格的确定,价格策略和降价时机、降价幅度的掌握,既有一般商品的技术含量,也有特色产品的独特营销特点,需要聘请专门的市场营销人员帮助策划。

此外还需注意,同一般商品猪相比,高端商品猪在生产组织、周期规律、成本核算等方面,既有相同之处,也有自己的规律,不可盲目照搬。

高端商品猪批量较小,其价格波动会跟随一般商品猪的"猪周期"升降,但是最根本的影响因素是宏观经济的"景气指数"。当宏观经济形势看好时,其价格坚挺。若宏观经济不景气时,尽管处在"猪周期"的价格上扬阶段,仍可能出现滞销和价格下滑的现象。所以,生产高端商品猪的专业户主,应当关注宏观经济走势和股市动态。

如同股票上市,高端商品猪投入市场的初始价格较高。因为初始价格包含有产品成本、利息、折旧、营销成本、利润等一般商品的价格构成要素,还包括对边际效应的冲抵因素,以及产品研制、开发的专利因素,以及产品寿命因素等。说实话,初始价格的设定具有很高的技术含量。因为高端消费群体要的是质量,要的是消费高端产品的高品位人群效应,要的是高消费时的自豪感觉。有时候,尽管你的产品质量很高,反而因为初始价格不高而丢失市场份额。同样道理,当你提供的高端商品猪质量没有得到高端消费群体的认可,就可能因为价格太高而吓跑消费者。所以,在确定初始价格时,最好邀请商品经营方面的专家参与讨论。

三、"顺天而行"和安全生产

自然界的各种事物,都有自己的运行规律,中国人用一句话将其概括:"天道""天意"。要求人们在做各种事情时要遵从天道,顺从天意,勤奋努力。"得道多助,失道寡助""天道酬勤"这些话,你应该都听说过。所以,专业户主在遭遇失败时不要气馁,要从是否遵从"天道""天意"方面找原因。

好了，读到此处，你应该明白笔者的良苦用心。别小瞧自己，在你的家庭，你的猪场，你的妻子、儿女和员工眼中，你是天，你是他们的天。他们要遵从你的意志，"顺天而行"。你就必须负起责任，慎重决策。当然，在决策的过程中，你也要遵从天道，顺天而行。

安全生产，平安生活，是你权限之内的"天道"。你在安排家庭生活、生产活动中，应该把"安全"放在第一位，保证家庭成员和员工的生命安全。只顾你自己的欢乐，不顾及家庭成员和员工的安全，不考虑家庭成员和员工的生活，你的生活就不会美满快乐，你的事业就不会顺利，就要遭受"天谴"。

作为一家之主、一场之主，尊重他人，讲究安全，也不是要你一个个岗位去看，去监督。而是要求你的心目中始终绷紧安全生产这根弦，在猪场的设计、改造时予以考虑，在制定日常管理制度时予以安排，有人定时检查、及时维修、及时排除安全隐患。做到了这些，就可以避免猪场改造时工人从山墙上掉下来、上梁时梁倒砸着人、消毒时喷雾消毒机漏电"电死人"的恶性事件。

四、"船小好调头"和"租船出海"

在商品经济的海洋中，相对于大型规模饲养猪场而言，专业户的家庭猪场是一条小船。

船小，抗御风浪的能力差，但是灵活，好调整航线，只要努力，同样能够避开风浪，到达胜利的彼岸。在养猪这个行业中，躲避风险的手段一是调整存栏母猪群的数量和结构，调整出栏猪的品种、数量。二是加强饲养管理和疫病防控工作，避免疫情的发生。

在此，存栏母猪数量升降的过程不是看点，看点在于这种升降是否是你根据市场走势主动调整的结果。关键是你能否看透市场走势，是否果断拍板。

是出售商品猪，还是出售种苗，是生产普通的商品猪，还是高端商品猪。这种产品品种的调整需要更大的勇气，也是建立在对市场中长期走势判断基础之上的重大决策。其能力形成的过程可能需要较长的时间。

同大型规模猪场相比，专业户猪场的另一个优势是规模较小，各种管理措施容易定位到人、定位到猪、定位到具体问题的处理过程，也就是通常说的便于精细化管理。

这一优势在不同的专业户猪场，表现程度差异很大。有设计因素，也有位置因素,更多的是管理因素。那些没有体现出精细化管理优势的专业户猪场,共同的毛病是老板使用工人时,把工人当作自家人,而在生活中和收益分配时界限划得很清,工人就是工人。

专业户猪场或家庭猪场,只要你有两个以上的饲养管理人员,就有一个对人的教育、培训、使用、管理问题,利益分配问题。即使那个人是你老婆、侄子、小姨子,也有一个利益分配问题。出手了一批猪,挣了两万多,你带上钱去"高档场所"逍遥自在,让老婆在家里打料、清粪、上水、冲洗猪圈。偶尔一次无所谓,次数多了,老婆没意见,只能说你老婆"二"。

如果你意识到人的重要性,领悟了"步调一致才能得胜利"的含义,认可了员工同老板"步调一致"的重要性,日常生活和生产管理中能够平等待人、真诚待人、关心人、关爱人,所有员工心情舒畅,同你齐心合力,工作主动性、积极性、创造性得以充分发挥,生产中的问题能够及时发现,漏洞能够随时修补,管理省心,生产平稳,作为专业户主,快乐生活就有了基本保证。

有一个需要纠正的概念,就是"借船出海"。不用讲更多的道理,在市场经济条件下,应该是"租船出海"。"出海"你敢借别人不用的"漏船"吗?好船人家凭什么借给你,"租"还凑合。

通过租赁废弃的村庄、农舍、仓库,甚至饲养小区,抑或是带有繁殖母猪和仔猪的猪场,是缩短基本建设工期,提高资金利用效率的有效措施。这也是专业户猪场的一个优势,因为你熟悉当地环境,知道是否适合建猪场,改造投资是否最少。你还有人脉资源,容易洽谈成功。

随着国家城市化和新农村建设的进展,空壳村庄、废弃猪场、猪舍有的是,就看你有没有生猪福利意识,有没有给猪提供尽可能大的生存空间的想法,有没有租赁需求。可以整体租赁,也可只租赁一部分,作为观察舍、隔离舍使用。

不论你是租赁村庄、农舍,或是别人的猪圈、猪场、饲养小区。一定要按照有利于猪的生物学特性的发挥予以改造,并在改造工程结束后彻底消毒,才可装猪。

五、"招工难"及其解决

进入新世纪,中国劳动力价格低的优势不复存在。由于猪场处在远离村镇的偏僻位置,加上饲养员的特殊工作环境,"招工难"早已在不同种类的猪场普遍存在。专业户猪场不需要使用很多的劳动力，家庭成员和亲戚朋友的帮忙，就能够解决令大型规模猪场老板"头痛"的问题。

未来岁月中，专业户猪场在劳动力更新中同样会遇到"招工难"问题。因为随着市场竞争的加剧，各个猪场必须在降低成本方面下功夫。随着疫病威胁的严重，各个猪场必须在提高管理水平上下功夫。这两个真功夫的增强，都依赖于饲养管理队伍的年轻化、知识化、专业化。

第一条途径是专业户猪场可以通过培养自己及亲戚、邻居、朋友的子女来解决这一问题。可以让其读农业院校畜牧兽医专业、综合院校的生命科学专业。与其让子女毕业后在社会上晃荡，还不如让子女在自己的猪场就业。一来解决了子女就业问题，二来也免去了自己奋斗一生的事业后继无人之忧。何乐而不为？但是要注意，即使你有这种想法，也要看子女是否有兴趣，是不是当老板的料，还得征得子女的同意。

第二条途径是挑选有素养的青年员工，委托有资质单位代为培训。

第三条途径是通过招聘，组建精干的基本员工队伍。

行情有涨有落，猪价有高有低，存栏量也肯定得有多有少。做不到，就存在压栏待售问题，效益下降是不可避免的。做到了，就面临在不同时段"用工量"多少不等的问题。

组建基本员工队伍，做到关键岗位员工的相对稳定，成为专业户猪场稳定生产的关键。

通过有意识的定期轮岗，筛选、培养、造就敬业实干的多面手、骨干，是管理者必须重视的组建精干员工队伍的重要措施。

行情上扬的生产旺季，招收短期工、临时工，可以缓解用工矛盾。

别想着是亲戚朋友，就少支付或拖延支付工资奖金，那是在砸你企业信誉的牌子。只要在你场里工作，就应该按照合同、制度执行，按时足额支付工资、奖金，是诚信做人的基本要求，也是为下一次用工时避免"招工难"做铺垫。

"因势利导"，实行过程管理和目标管理相结合的绩效工资制，有利于稳定员工队伍。

饲养岗位实行基本工资加奖励，饲料原料的收购、入仓、转仓、加工等环节的简单劳动，使用"计时工资制""大包干"，修整和看护围墙、下水道维修、沉淀池的清理、猪粪处理等技术要求相对较低的工作，"包工包料保质量"，这些灵活多变的支付薪酬方式,都很实用,实际效果也不错,应在管理中结合本场实际尝试运用。

六、废弃物的资源化利用

"保护环境,治理污染,建设秀美山川",是基本国策。

养猪专业户应当明白,无论猪场规模大小,位置是否偏远,科学收集、处理、存储"三废(废水、固体废物和废气)",资源化利用"三废",减轻对当地生态系统的压力,避免对生态环境的负面影响,是猪场老板的义务和责任。督促和监督养猪企业按照环境保护法的要求处理废弃物,是当地政府的重要工作,甚至是年度目标管理责任制的重要内容。轻视废弃物的资源化利用,环境保护工程拖拖拉拉、长时间无法营运,做表面文章、应付相关部门和当地政府的督促检查等做法,将会把你的事业推向危险的边缘。

目前猪场专业户因存栏量低,废弃物的产量有限。废水多数被蔬菜专业户用于大棚蔬菜施肥,猪粪等固体废弃物,大多被当地农民作为农作物种植业和林果业的肥料使用。位置恰当的专业户猪场,废气对环境的压力并不突出。现就几个突出问题的解决提出一些建议。

(一)雨季废水外溢及其处理 通过雨污分离、粪尿分离、猪舍端二联沉淀池的建设和场区内排污管网的硬化等改造工程,以及猪舍内使用地面饮水碗减少污水产量,是解决废水的根本办法,并且还能实现雨水的循环利用。专业户主必须下定投资改造决心。否则,不仅面临"限期整顿""罚款"等行政处罚,场区内的浅层地下水也有污染的可能。

丘陵山地的猪场可同小流域治理项目结合起来,就近利用沟壑等有利地形,建立防洪坝、堰、塘,形成"三级处理"体系。

(二)储粪场地面的处理 由于农业生产使用粪肥的季节性原因,即使规模较小的专业户猪场,也存在猪粪积蓄问题。所以,不论是从场内环境卫生需要考虑,还是猪粪的无害化处理的需求,建立储粪场都是非常必要的。

最简单的技术要求是:储粪场位于猪场主风向下风区的低洼地段,距离饲养区 200 米以外;有专用粪道同田间道路或公路沟通;储粪场地面应进行防渗漏处理,避免粪液污染地下水;储粪场地面有围墙,避免雨季粪便外溢。

猪粪以高度 1 米、顶面宽 1 米、地面宽 1.2 米的长条状棱台堆放。冬季底部可铺 20~30 厘米垫草,以便于生物热的产生,有效杀灭寄生虫卵。

达到堆放高度的粪堆应及时用 30 厘米黄黏土覆盖。有风天气应向粪堆表面洒水,以防扬尘。

有条件的专业户猪场,可以用猪粪生产粪砖或各种营养钵,形成便于长距离运输的商品。用于西北荒漠地区的草地建设,以及防风带、防护林建设和蔬菜生产。

(三)病死猪的规范处理　不重视病死猪的处理,随意丢弃病死猪,是农户猪场广泛存在的毛病和恶习。

从 2014 年开始,国家有计划地在生猪主产区建立病死动物尸体处理厂,国务院也出台了《动物尸体无害化处理条例》,实行了每头进场处理病死猪补贴 80 元的政策。专业户猪场更应当积极响应,认真执行。

暂无病死动物尸体处理厂的地区,或者距离太远、偶尔死亡一头猪的专业户猪场,应采取深埋处理。有条件的可以埋在果园树下作为肥料利用,或经高温处理后作为肉食动物的饲料加以利用,也可直接埋入粪堆内。

(四)废弃疫苗及其包装物的集中处理　专业户主应当认识到,此类废物虽然体积不大,但是对局部环境微生态系统影响很大,特别容易构成对养猪业的潜在威胁。应通过制度建设、加强监督等日常管理手段,形成收集后集中焚烧处理的习惯。

(五)位置不当猪场的废气处理　猪场臭气的主要成分是粪便中的硫化氢、二氧化碳、吲哚以及猪体的体臭。

降低猪粪臭气的主要措施
1. 饲喂蛋白质含量适中的饲料,减少粪便中蛋白质含量。
2. 调整维生素、微量元素、氨基酸的比例,尽可能提高饲料蛋白质的吸收率。
3. 饲料中添加微生态制剂,提高饲料吸收率。
4. 使用吸附剂,以及使用干粉消毒剂,或酸性消毒剂,降低猪舍地面 pH,通过酸性环境抑制脲酶活性。

那些位置不当,尤其是距离村庄等人口稠密区较近的猪场,还应当通过建设猪舍废气收集系统和高空排放塔,降低猪场臭气对人类生活的不良影响。

有条件的猪场可用专门设备收集臭气,用作塑料大棚气肥。

后蓝耳病时代快乐养猪

最好的猪场是什么样？是你自己有足够的土地，哪怕是山地、疏林地，是一架荒山，一道山梁，一条沟壑，一片荒漠。从自身的实际条件出发，瞄准市场需求，定位猪场的性质、规模和产品方案，以最少的投资、最低的成本，生产出市场旺销的商品猪或仔猪，获得最佳的经济收益和社会效益、生态效益。

猪场之优，不在规模之大，设备之先进。在于因地制宜，管理之精细；在于能否实现最高的生产效率，生产出适销对路的商品猪，获得较为理想的经济效益。

第六章　快乐的养猪专业户

平安是福

人的追求是多种多样的,是无穷尽的。

要想幸福快乐地生活,哪些是必需的,或者说幸福快乐地生活的基本要求是什么?你若访问 100 个人,会有 100 个以上的答复。就是说,不同的人有不同的追求,对幸福的认识也不一样。那么,作为养猪专业户,至少应该有哪些追求呢?

在本章的开始,笔者曾经简单地回答了这个问题。概括起来就是:事业有成,生活美满,健康长寿,家庭和谐,子孙向上。

本节讲平安的重要性,讲如何谋求平安。

一、"平安"是"干事"的基本条件

"工欲善其事,必先利其器"。

这不是笔者的发明,是孔老夫子所讲。子曰:"工欲善其事,必先利其器。居是邦也,事其大夫之贤者,友其士之仁者。"意思是子贡请教孔子,怎么做才能达到"仁"。孔子告诉他,工匠想要干好他的工作,必定要先磨快工具,工具锋利了,才能干成事。你居住的是一个邦国,要想实施"仁",得先找那些贤惠的头面人物,同他们当中的仁人志士成为朋友,先创造一个站得住脚的环境,然后才是宣传"仁",实施"仁"。现代人引申以后,比喻要干好一件事,准备工作非常重要,必须先做好准备工作。

中国改革开放的最成功的经验是什么?是必须有一个干事创业的稳定环境。所以,国内以经济建设为中心,不争论,不折腾。国际事务中以"和平、发展"为主题,谋求稳定的国际环境。

同样,作为一个养猪专业户,养猪就是"事"。要想干好养猪这件"事",选好位置、建好猪舍,以及购买种猪和器械设备,就是"利器"的过程。接下来,要"事""大夫",要"友""士"。"大夫""士"是谁,又如何去"事"去"友"?是值得思考的问题。

对于养猪专业户,此时此地的"大夫"就是相关管理部门的领导,就是养猪行业内的饲养管理和疫病防控专家,就是饲料供应、兽药经营的经理或老板,就是那些商品猪或架子猪销售商。就是你的饲养工人和老婆、孩子。

为什么要"事"要"友"?是为了创造一个相对稳定的有利于养猪的工作环境。试想,如果一个猪场的老板同当地主管部门的关系很僵,行政部门三天两头来检查,动辄"限期整改",还怎么能够正常生产?

如果一个猪场老板同关键技术部门关系恶化,关键时候还能提供一流的技术服务吗?

如果一个猪场老板同工人关系恶化,工人整天追着老板屁股讨薪,猪群的管理还能够做到精细化吗?

如果一个老板同老婆关系恶化,老婆天天闹离婚,小吵二五八,大闹三六九,老板还能够静下心来思考猪场经营管理中的问题吗?

所以,前人总结出了警示后人的规律:家和万事兴。

一个想干点事业的专业户猪场老板,必须牢记这一条警示,并再加一条内容,叫作:家和万事兴,场安六畜旺。

(一)关心、爱护、善待你的工人 对于一个专业户主、一个猪场老板来说,母猪是你的摇钱树,工人就是给摇钱树施肥、浇水、喷药、捉虫的园丁。关心、爱护、善待工人,就是善待你的猪场,善待你的事业,就是善待你自己。

善待工人的最基本体现是一视同仁、平等待人。是搞好伙食,确保工人身体健康,精力充沛;是尊重工人的劳动,按时发工资;是绩效挂钩,对工作负责、主动、业绩突出者的奖励。首先应注意,工人的最低要求是什么?是"不论在哪儿干,首先得填饱肚子""挣钱不挣钱,落个肚子圆"。若是工人连饭都吃不饱,吃不好,何谈努力工作,何谈建立稳定的员工队伍?其次要明白,工人的"绩"和你作为老板的"绩"不同。你的绩是经营效益,工人的绩是干好岗位工作,养好猪。不要用行情不好、企业效益不佳搪塞工人。越是行情不好,越要加强饲养管理以降低每头猪的生产成本,越需要勠力同心、精诚合作。

答应工人的"超额出栏奖""增重奖""饲料节约奖""药品节约奖",万不可因效益不佳而作废,即使借款、贷款,也要兑现。否则,就有可能失信于员工,人心涣散,饲养管理松懈,想渡过难关就更不容易了。

有的专业户为了避免高利贷,在企业内部集资。即员工每月只领取基本生活费用,把剩余工资交由老板管理使用,年终一次结清。这是解决流动资金不足的一种途径,但前提是征得工人的同意,是劳资双方真实的共同意愿(招聘时在合同中提出如此要求的合同,是不平等、不尊重劳动的霸王合同),无论企业效益如何,年终必须给工人兑现。否则,就是欺诈。

至于那些每年年终结账时,总要千方百计压工人1~2个月工资的专业户主,是对自己和所从事的事业没有信心的表现。为什么压工人的工资,还不是怕人家下一年不到本场上班,纯属无赖行为。如果一个猪场靠这种办法组建员工队伍,那么,各种制度形同虚设、技术措施走形变样,也就不足为奇。

如果换一个思路:员工家庭的婚丧嫁娶,你送上一份礼品;年终放假时,足额结算,再给员工备上一份年货、礼品;给那些务实敬业的员工再发一份特别奖。下一年,他会继续到你的猪场上班,并且更加认真负责。

(二)体贴、关心、爱护你的家人 体贴、关心、爱护你的家人,是一个丈夫(妻子)、父亲(或母亲)的义务和责任。

1. 当好丈夫 在日常生活中体贴你的妻子,将她的亲人当作你的亲人,能够避免许多无聊的家庭纠纷。

(1)经常沟通 让妻子知道你的事业,了解事业进展中的成就与困难,共享成功的欢乐,遇到困难时同舟共济,共度时艰。即使妻子不可能成为你事业的帮手,至少能帮你照顾好老人,培养好孩子,使你集中精力于猪场的经营管理,为你的事业发展提供良好的后勤服务。

(2)不怕唠叨 台湾有一位女医学博士,用通俗、幽默的语言讲解了人的大脑构造,她讲到,由于大脑结构的差异,女性比男性的语言能力强得多,这是女性爱说话、话多的根源。所以,日常生活中,妻子总是爱将所见所闻向丈夫讲述,许多时候,讲述的内容是鸡毛蒜皮,或是家长里短,对你的事业毫无意义。但是要记住,老婆向你讲述,是她心中有你,尽管是些无用的废话,你也应该学会耐着性子老老实实地当听众。如果你的老婆同你无话可讲,"相敬如宾",那就危险了,是心里有距离的表现,可不是两口子应有的正常状态。事实上,心心相依的两口子,应该是无话不谈,"相濡以沫"。许多理智的企业家都会说,要将时间进行合理分配。这里,要注意,分配时间时,应包括足够的同老婆沟通时间,这也是你干好事业的必备要件。

2. 做好父亲　关爱你的儿女,除了吃饱穿暖之外,更应该关心孩子的心理健康。要以正面教育为主,奠定孩子们正确的人生观、世界观、幸福观基础,为孩子精神和心理健康成长提供营养。如果说人生观、世界观、幸福观这些道理你说不清楚,教你的孩子明是非、尽孝道、守本分,有点慈悲心怀、关爱之心,应该能做到吧。不娇惯,不放纵孩子,从小就养成自尊、自立、自爱、自律的品行,对孩子成年后做人有好处。节假日让孩子从事一些力所能及的简单劳动,让孩子明白"一分一毫"来之不易,"一米一粟"都当珍惜,对孩子的身体成长和心理健康都有益处。

在孩子成长的不同阶段施加不同的影响。对懵懂期的孩子多启发,叛逆期的孩子多引导。关注孩子的课外生活,闲聊时通过共同分析生活中的事例,帮助孩子明辨是非,使其尽早形成自己的是非观。及时纠正进网吧、结伙打架、抽烟等恶习。必要时同老师和不良少年家长沟通。帮孩子解决困难,拉下的课程可以通过补课赶上,遇到黑恶势力时爹娘更应该挺身而出。别以为这些是芝麻绿豆的小事,浪费你的时间,要知道世界上最好的投资是人才投资,何况这是你的儿女!

如果儿女不在猪场附近的家庭生活,可以鼓励饲养小动物。通过饲养小动物,从小培养孩子的爱心,有助于善良品德的形成。

轻视或者忽视对儿女教育的专业户主,不会有幸福,更不会有快乐。因为你创造的财富再多,也不够不肖子孙坐吃山空,更不用说挥霍浪费了。

3. 做好儿子　孝敬父母、尊重老人是中华民族的优良传统。专业户家庭的老年人吃饱穿暖应该不是问题,问题多出在老年人的精神生活层面。孝敬、尊重爹娘的第一要务是什么？是顺，这也是"孝顺"二字常常联结在一起的根本原因。当然，这种"顺"绝对不是无原则的。至少，当你的爹娘提出的不是无理要求，你都应当尽量满足其心愿。即使他们提出的是无理要求，也没必要当面拆穿，更不能当面驳斥，给老人留点面子，是孝顺爹娘、维护爹娘威望的需要，是安抚老年人心灵的需要，同时也是在维护你自己的威望。孝敬爹娘，不全是金钱所能代替的，抽空给爹娘洗洗脚，揉揉肩，剪剪指甲，刮刮胡子理理发，拉拉家常，聊聊往事，给老人精神上的安慰，同样是尽孝。那句话怎么说？"人在做，天在看"。在此，你在做，你的儿女、儿媳、女婿以及孙子孙女都在看，街坊邻居也在看。他们不光在看，还会模仿你的做法。"儿媳妇踩婆脚"应该就是这个道理。

事实上，人到了老年，许多人是为了一个念想，为了一个心愿而活着。当那个心愿实现的时候，很快撒手西去。老年人在生命将要结束时的生理和心理煎熬，健康人难以想象，不到老年的你也难以知晓，一个只知道匆匆忙忙奋斗于养猪事业的专业户主恐怕更不会知道。"可怜天下父母心"，没有哪一个爹娘不心疼自己的儿女，理智的老年人向儿女提出要求时，往往是不得已之举，是需要鼓足很大的勇气的。

作为儿女，关心、体贴父母的另一个内容，就是观察年迈父母的身体健康情况和精神状态。结合父母的身体情况，学习一些高血压、心脑血管疾病、糖尿病、肺心病、癌症的常识，尤其要记住相关疾病的恶化信号，以便于及时发现父母身体健康方面的问题。出现问题，要及时就医。

专业户主更应该明白，干事创业的目的，是为了更加美好地生活。

当事业发展和家庭幸福发生冲突的时候，要理智分析，弄清楚孰轻孰重，并把自己的分析与家人共享，以求达成共识。当你做出牺牲家庭幸福的决定时，尤其需要家庭成员的理解与支持。

（三）服从管理　专业户猪场接受所在地行政部门的领导，服从相关行政部门的管理，是国家法律的规定。作为企业法人代表，守法经营是最起码的常识，否则，你的猪场很难兴旺发达。在后蓝耳病时代，尤其是这样。

（四）广交朋友　在同专家、学者交往的过程中，在同饲料、兽药供应商，收购商品猪的经理、经纪人交往的过程中，相互理解，相互尊重，讲诚信，重情义，在不断的交往中增进友谊，结交朋友。"结识新朋友，不忘老朋友，朋友多

后蓝耳病时代快乐养猪

了路好走"。普通人是这样,专业户主同样是这样。

可能还有更多需要注意的事项。但是以上四项,只要你做到位,做好了,家庭猪场就有了稳定发展的基本条件,幸福和快乐就开始向你招手。所以,"平安"是"干事"的基本条件。

二、平安是快乐的组成部分和具体体现

专业户猪场虽小,但经营起来,困难一点也不少。老板或户主挣钱不见得多,需要承担的责任一点也不少。

若想快乐,必须先求平安。求得家庭的平安,求得猪场的平安,求得人生的平安。平安是快乐的组成部分和具体体现。

世界上有些事是可遇不可求的。但是,专业户及其猪场的平安,则是同自己的努力追求紧密相连。许多时候,家庭和猪场的平安就是老板或户主辛勤努力、直接奋斗的结果。

在快乐当老板一章,笔者曾经提出宽容是一种美德。其实对于专业户主,何尝不是这样。在你的日常生活中,交往最多的是谁,是饲养工人和你的老婆孩子,以及你年迈的父母。

工人来自四面八方,老婆成长于不同的家庭,孩子到学校接受了新知识,父母由于年长同你的生活节律、习惯各不相同。所以,你经常接触的人各有各的性格,各有各的爱好,各有各的习惯,各有各的处事规则,你要带领这些性格各异、爱好不同,甚至处事规则和追求也有差异的人在一块干事业。这群人中只有你是最想干成事业的人,是大家的头脑和灵魂,与这些各不相同的人在一起生活、工作,没有一个阔大的胸怀、一颗宽容之心,怎么行? 当然,宽容不等于纵容,对员工和家庭成员的错误,一经发现,还是要立即终止和纠正。只不过你怀有宽容之心时,是抱着纠正错误的目的而去,会着眼于分析错误的原因和纠正办法,而不是指责、羞辱、整治人。

作为专业户主,不论年龄大小,宽容、厚道是你必须具备的基本品格。看人看长处,看事看整体。大事清楚些,小事糊涂些。养成处变不惊、临危不乱的大将风度,是你干成事的一个必要条件。

在日常的教育中,将与人宽容相处作为一项内容,是管理企业一个基本手段。自己会宽容,教育职工学会宽容,不仅是企业内部员工相互融洽、相互团

结的必要条件,也是员工搞好家庭生活的基本条件。员工家庭和睦、生活美满,工作起来心无旁骛,是集中精力搞好本职工作的先决条件。事实上,现代企业发生的许多事故,都同员工在岗位工作时精力不集中、反应迟钝或麻痹大意有关,那些关键岗位和危险岗位更是如此。所以,对员工的宽容教育是提高企业工作效率、保证企业稳定生产的基础工作。有可能的话,此类教育最好让你的家人和亲戚、朋友,都作为学员来听课。

最好的企业管理什么样?是员工对企业和领导人思想上的认同、行为上的主动服从,是一种"心有灵犀一点通"的默契,是对职业的真心爱戴,对事业的高度负责,是不见管理的管理。所以,如果一个专业户想有所发展,有所作为,同样要重视企业文化建设,首先求得员工接受、承认你的认识,之后才是行动上的一致,才是工作主动性、积极性和创造性的发挥。

世界很大,也很小。当你怀有宽容、善良之心,你会发现这个世界上还是好人多。你无意的宽容、善意之举,成就了别人的好事,别人也会对你施以友善之举。

"无意插柳柳成荫"的前提,是经常"无意"地"插柳"!

三、平安是福

世界上每一个人,在其生命过程中,都要工作和生活,不管你的权力大小,工作高尚与否,生活平凡与否,你所做的一切,都在影响着这个世界,影响着你周围人,影响着大家的工作和生活。伟大的人很少考虑对自己的影响,想的是如何做才能有利于世界的进步,有利于人类社会的发展。平凡的人只是为了生存而生活。就像可以做桥梁、做房屋的梁柱的高大树木,在自己的成长过程中,不知不觉已经侵占了小草的空间,抢夺了小草赖以生存的阳光、空间和领地。

不管你承认与否,周围的人还是要受到你有意无意的影响。就像大树侵占小草的生存空间和阳光、空气、水一样。有时候,你在不知不觉中已经成为别人的榜样。还有的时候,你的所作所为,已经给别人的生活带来了很大的不便,或者是冲击,而你自己却浑然不知。

同社会中的许多人相比,我们能够办猪场,聘请饲养工人,说明已经在社会中占据了一定的有利位置。在同行业内,许多成功人士,比如温氏集团、雏

后蓝耳病时代快乐养猪

鹰集团的老总,普通猪场老板可能奋斗一辈子都难以望其项背。但还是要明白,在我们的身后还有许多人,许许多多人在汗流浃背地追赶我们。由于这样那样的原因,许多人甚至只能到猪场内打工。专业户主所处的位置应该是"比上不足,比下有余"。

"前有坐轿,后有骑驴,中间是你这个骑马的"。你还想往前走,经过努力,也坐上"轿子"。那么你首先面临的是什么,是平平稳稳向前走,不可"马失前蹄",更不能"人仰马翻"。所以,对于专业户主和小型猪场老板,平安是快乐的前提,平安是福。

别老是想着洗澡、泡脚、换车、换女秘书,应该时刻想着怎么安抚场内职工,安抚你的家人,安抚你的邻居,安抚你的业务关系人,尽可能为他们办点实事。退一万步讲,不去施加额外的投资和付出,做到不拖欠、按时给工人发工资,就不存在劳资纠纷,你自己和家人就少了一分人身安全隐患,多了一分平安。要知道,收入差距的拉大之后,个别穷得"急眼"的人,一旦铤而走险,最先受到伤害的是谁? 是最直接的利害关系人。

为人不做亏心事,不怕半夜鬼敲门。

从长远看,在中国这个传统文化影响深远的国度里,只要你自己诚以待人,平等待人,平易近人,乐善好施,不做亏心事,谁会无事自找麻烦去非礼你,侵害你? 那些受到你的恩惠的人感激你、报答你还来不及呢。

回到咱中国人的那句老话上,一口吃不成胖子,外国人也讲罗马不是一天建成的。发家致富也同样要有一个过程。

在猪场的经营管理过程中,妥善处理积累、发展和维持正常运行的关系,避免"霸王硬上弓"。手里留几个机动钱,免得老是急巴巴、紧巴巴,捉襟见肘过日子。坦诚些,大方些,为维持稳定,为平安生活,该出手时就出手,撒出去几个小钱不亏,比扔到澡堂里,扔给汽车经销商强多了。

第四节
和气生财

养猪是一种经营活动,通俗的话就是一门生意。

做生意常挂在嘴边的是哪句话? 是"和气生财"。

尽管养猪专业户主不像开饭店、卖衣服、卖日用百货的老板那样,每天都面对大量的客流,需要笑脸相迎、唱收唱付。但在经营猪场的过程中,同样要面对政府官员、行业管理人员、饲养工人和家人,需要同相关业务人员打交道。牢记"和气生财"这句格言,对你的经营活动和日常管理,以及过好家庭生活,都有好处。

人是有情感的高级动物,不论受到多么高等级的教育,多么有修养、有涵养、有历练的人,语言、表情、行为都要受到情绪的支配。这是生理特征,是客观存在,只不过受教育程度高、有修养、有涵养、有历练的人,自制能力强一些,理智一些,含蓄一些。和善的心态、和睦的环境、和气的语言,有利于相互之间沟通,相互了解对方的真实意愿和想法,容易促成事情。反之,就有可能表达不彻底、不准确、不真实,甚至顶牛,中断交流。生活中,那些没有素养的人,常因话不投机而对立、争吵,甚至大打出手的案例屡见不鲜。

本分做人、心态和善，是专业户必备的品德。

语言"和气"至少要包括两个方面的内容。一是处事态度要诚恳、和善。无论是业务洽谈，还是同场内工人交流，居高临下或心不在焉，都会给人"傲慢"的感觉，没有"和气"的感觉。二是说话语言要和气。与人谈话时做到专注认真，语言文明，不起高腔，不说脏话、黄话、狠话。

记住"和气生财"。不仅用于具体事务的处理，更重要的是作为一种理念，一种处理事务的基本准则。

专业户自己要记住，还要教育自己的员工和家人记住。因为你经营的是猪场，除了你自己要同方方面面的人打交道，你的家属子女也要同饲养工人打交道，企业员工还要同相关部门、相关人员打交道。

人的名，树的影。你、你的亲属和企业全体员工都把"和气生财"作为一种理念，用这种理念规范自己的语言和行为，逐渐形成一种习惯、一种风格、一种企业符号的时候，就形成了一种无形资产。

当同行和相关业务部门的人们都交口称赞你和你的猪场"人好""人和善""和气"的时候，人们愿意、乐于同你和你的企业打交道，猪场经营的路子就会越来越宽，越来越顺畅。甚至那些意想不到的机遇都会送上门，专业户也会迎来大生意，说不准"鲤鱼"就会"跳龙门"。

所以，和气生财不是虚话，就看你能否做到，能否将其作为一种理念，一种企业文化，用其引导、教育员工，变成全体员工的自觉行为。

拓展业务、发展企业需要"和气"。

搞好日常饲养管理需要"和气"。

过好小日子，追求快乐，需要"和气"。

当"和气生财"成为一种企业符号的时候，幸福和快乐就开始同你握手，快乐生活还能远吗？

第五节

谁不说咱家乡好

204

后蓝耳病时代快乐养猪

"儿不嫌母丑,狗不嫌家贫"。

长江、黄河的滋润,黄土地的养育,是专业户赖以生存、成长的根基,也是未来岁月持续发展的根基。

呵护家园,爱护脚下的这片热土,用自己的智慧装扮她,用自己辛勤劳动的汗水浇灌她,使她更加美丽、富饶,更加生机勃勃,是炎黄子孙的心愿,更应该是生于斯长于斯的专业户主的心愿的和责任。

人们看好专业户,不仅仅是出于对其经营效率的赞赏,更重要的是源于对黄土地的热爱。因为专业户对黄土地的情义更深,经营的不仅仅是猪场,而是对黄土地深深的爱。熟悉当地的一山一水、一沟一壑、一草一木,了解当地的风土人情、世事变迁的优势,使其经营更有人情味,产品更有风土味。注重生猪福利,利用当地的自然条件,创造更加适合猪生长发育的小环境,充分发挥和利用猪的生物学特性,减少抗生素类药品的使用,实现养猪同种植业的协调发展,养猪业同生态环境建设的同步发展。这些,用现代人的思维,可能需要极大投入、浩大工程、历经相当长时间才能完成的项目,会由于专业户的参与而变得容易、简单、实用、适当,更接地气。

西方规模养猪技术同中国农村养猪的实际相结合,诞生了专业户。

这种承载现代养猪理念、深深扎根于黄土地的经营模式,已经显示出来巨大的生命力。在未来中国养猪现代化的进程中,会释放更大的能量,发挥更大的作用,放射出更加璀璨的光芒。

现代化养猪业的发展,需要知识,需要技术,也需要新思想,新理念。当然少不了土地、资本、劳动力、社会软环境等基本要素。希望那些在外漂泊的"打工族",别再感叹"京城虽好,非我等平民百姓久留之地"。利用节假日、公休假,返乡考察,用你的新视角、新理念审视家乡的优势和短板,审视家乡的种植业、养殖业和其他产业,审视乡亲们的生活。若有可能,最好深入到专业户家庭、企业内跟踪观察一段时间,或许会有新的发现,新的启迪,会为你的事业发展提供新的思路。那些有了一定原始积累的"打工族",不妨抓住"全民创业"这个机遇,果断返乡,用你学到的新理念、新知识、新技术,改造家乡的种植业、养殖业,或者开发新的产业。这样做,可能比你在外地创业容易一些,成功的概率高一些。因为毕竟是故乡,有亲情,有牵挂,有义务,还有那么多的资源优势、人脉优势,以及劳动力价格相对低廉的优势。放着现成的优势不发挥,现成的有利条件不利用,在外边"盲人骑瞎马"一般闯荡,何苦呢? 回来吧,家乡在向你招手,老家也有开发区,也有创业园,优惠条件多着呢。

作为专业户主,希望大家敞开胸怀,接纳"游子",热情接待"海龟"和"打工族"。观光也好,调研也罢,接待的过程中,你将接触到新思想、新理念,获得新信息,新知识,还有可能结交新朋友,岂不快哉。

长江后浪推前浪,一浪更比一浪强。

不论是专门的育肥猪场,还是母猪饲养专业户,或是自繁自养的小型猪场,都有一个与时俱进、升级换代的问题。级怎么升,代如何换,是一个值得认真思考的问题。

养猪的目的是赚钱,赚钱是为了更加美好的生活。如果在养猪的过程中把家乡的生态环境毁坏了,就得不偿失,可真是因小失大,坏了"风水"。

因而,在未来的岁月中,猪场的升级改造一定要本着就地取材,充分利用当地地形地貌、自然资源、自然环境优势的原则,围绕优化、美化当地生态环境做文章,围绕既保证猪的正常生长发育,又尽可能少地产生"三废"做文章。

建设猪场时就考虑土地的承载能力、周围环境负荷,测算种植业消耗粪肥和废水能力,做到环保工程同猪舍建筑同时设计、同时施工、同时营运的"三同时"。建筑物布局除了满足疫病防控需求之外,造型、色泽、格调设计兼顾周围环境。猪舍间隔尽可能大,努力做到隐于环境、优于环境,甚至点缀环境。绿化、美化及景观植物,尽可能选择那些适应当地气候和地理环境,有防蚊蝇功能,有经济价值,有药用价值植物。让猪场融于环境,隐于环境。真正实现猪场同周围环境的协调,专业户同邻居的和谐。

附件　审时度势巧卖猪

如果说根据"猪粮比价"决定买进或者淘汰母猪,是属于战略层次的决策,是老板操心的事情。那么,根据不同的育肥阶段和市场行情变化,及时出栏育肥猪,就是场长和专业户主必须操心的事情。

现在的问题是国家的统计数据属反馈型信息,对需要瞬时决策的购买仔猪、架子猪,出售育肥猪,没有多大的帮助。

看行情是个好办法,但是,一是需要经常看,需要一定的数据积累时期。二是要有宏观的大市场数据,也要有本地区的局部市场数据。对于有电脑、能上网的养猪户,因为忙、累和网络维护收费,也不是很容易就能做到的事情。对于那些没有电脑,或者不会上网的养猪户,更是无从谈起。至于网络数据的采集方式和可信度,更是不可能探讨的话题。这些,或许是网络已经普及的今天,养猪户仍然处在市场信息不对称境地的主要原因。

模仿、观望更不靠谱,或许你模仿的对象的决策就不正确。现实中这种例子不少,许多养猪户之所以一直处在"猪卖掉又有涨价""价格好那几天没有卖,这几天掉价了"的后悔之中,就是因为简单模仿和观望。

在国家确立社会主义市场经济体制,市场经济框架体系基本搭建成功,但是市场秩序混乱,以及规模养猪的水平参差不齐、差距巨大的背景下,对生猪及其产品市场价格走势的预测中,短期的即时预测,难度大于中长期预测。

想要提供较为准确的预测,最牢靠、最根本的办法还是综合判断。综合判断所要依托的支持为：宏观经济走势，全社会生猪存栏情况，疫情。

宏观经济走势的观察点要看新闻，关注的关键词有"宽松的货币政策""稳健的货币政策""适度从紧的货币政策"，依次表达的是货币发行量的增加、持平和减少。这个因素会拉动老百姓购买力，也会拉动生猪价格。中国肉食品消费的最明显特征是节日消费，春节消费旺季尤为明显。所以，在判定生猪价格走势时更为现实直接的是要看"春节放假"的早晚，通过农民工返乡时间判断宏观经济走势。如果企业春节放假较早，进入腊月就有在外打工人员返乡，是宏观经济不景气的兆头，大量外出民工的返乡可能集中在"腊八到十五"。返乡民工手里没钱，购买力自然低下，猪肉价格上涨的可能性极小。如果企业春节放假较晚，腊月二十三的乡村仅见少数返乡民工，说明城市里的工厂产销两旺，产品供不应求，老板不光要开足马力，还要延长工作时间，是宏观经济形势看好的标志。宏观经济形势看好，工人有奖金和红包，回乡后就敢花钱，正所谓"人穷志短没胆量，马瘦毛长无精神""有钱才任性"。此时若整个社会生猪存栏处于不足状态，大幅度涨价是必然的；即使社会生猪存栏同需求基本平衡，也会有小幅上涨；只有社会存栏远大于需求，才会出现平稳不涨的现象。更多的年份是不温不火、平稳发展，有增长但是幅度较小。这种状况在今后一段时间表现的会更为突出，更为常见。

在经济平稳发展或者叫作平稳增长的背景下，农民工会在"腊月十五到二十三"返乡。此时，天气变化和偶然的疫情、局部地区突发的疫情、进口猪肉的冲击，都可能导致生猪价格的波动。前两项因素的作用往往是助推器，是在推波助澜。例如，当市场生猪供不应求时，陡然的降温、暴风雪、浓雾，不仅带来运输的困难，甚至还可能导致猪群疫情暴发，进而加剧供应困难，推动价格进一步上涨。即使处在生猪供需基本平衡的状态，也会因为这些偶发因素导致短期内的价格上涨。

进口猪肉的冲击，主要表现为对整个养猪产业发展的抑制，就是在价格过高时国外猪肉进入中国市场后，打压了猪价，促使猪价下滑，拉长了价格低迷期，延缓了产业复苏的步伐，打击养猪业的发展。因为商家大多逐利而行，价格低迷时不会再去进口猪肉。其明显标志是沿海地区的商品猪和猪肉价格同内地持平，甚至低于内地。

疫情对猪肉价格的影响,同当地社会风气有直接相关。当地社会风气良好,市场监管能够落实到位时,疫情的发生,肯定是一个减少供应、拉动商品猪和猪肉价格上涨的因素。如果处在市场生猪存栏不能满足供给状态,商品猪和猪肉价格不涨反跌,就是病死猪肉进入流通领域的最直接表现。

对于小规模饲养的农户,观察市场走势最简单,也最直接的办法是看胴体大小。大多数胴体超过95千克,出栏猪体重肯定超过135千克,说明出栏延缓,社会存栏过剩,不存在猪价走高的可能性。多数胴体低于58千克,出栏猪体重肯定小于90千克,说明出栏提前,是社会生猪存栏不足的标志。胴体处在70千克左右,是正常状态,但后市价格变化的可能性更大,对其预测更为困难,价格预测也更有实际指导意义。此时,预测者拥有的信息量和准确性、从业时间和经验,成为预测成败的关键因素。

对于散养农户,有一句需要牢记的忠告:育肥猪达到90千克左右就应该立即出栏,不要顾及当时的出栏猪价格,也不要等春节。因为这个出栏体重是最佳出栏体重,延迟出栏,即使每千克多卖了两毛,算上后期饲养多消耗的饲料(后期料重比可能是4.5或更高,同之前的3.5:1无法相比),充其量也就是持平。若恰好在春节前达到出栏体重,切记"宁肯卖掉猪(未卖到最高价格)后悔,也不能后悔未卖掉",因为错过了春节这个当口,最大的可能是养到"出去正月"才能出手,那时的猪价能否上涨很难说,而延迟出栏消耗的饲料,在饲养中不合算的料重比,圈舍内的高密度伴随的高发疫情风险,已经将你拖到了亏损的悬崖边,剩下的只有掉下去的早晚和摔得轻重之分了。

后 记

从酝酿到成稿,历时 8 年。

写这本书的初衷,在于笔者意识到中国养猪现代化的关键,是人的思想和思维方式的现代化。

书中根据不同人群面临的实际问题,结合自己的人生经历,阐述了一些基本观点和看法。当然,这些观点是笔者自己的观点,敢不敢苟同,在于读者自己。看法也是笔者自己的看法,赞成与否,也在于读者自己。但是,提出这些问题,通过讨论引起大家的共鸣、争论、重视,或许可为养殖场文化道德建设提供参考,为现代养猪业建设提供经营管理方面的支持。

此目的若能实现,是笔者的最大慰藉!

张建新

2018. 1. 3 于郑州

作者　张建新电话:13592508532　邮箱:linjiang－110@ sohu. com